日本の
ナチュラル
チーズ

佐藤 優子

はじめに

　今、日本は空前のチーズブームと言っても過言ではありません。スーパーやコンビニには、プロセスチーズと棚を競うように輸入ナチュラルチーズが並び、「ゴルゴンゾーラ」や「パルミジャーノ・レッジャーノ」といった名前はすっかりおなじみとなり、それらのチーズを使った料理やお菓子もたくさん見かけます。

　私がナチュラルチーズに魅せられ、夢中になって食べ始めた25年ほど前は、輸入ナチュラルチーズがまだ都会の専門店やデパ地下などの限られた店舗で販売され始めた時代です。身近なチーズといえば、プロセスチーズかピザ用のシュレッドチーズで、ナチュラルチーズはまだまだ珍しく、知る人ぞ知る食材でした。私は世界のチーズが紹介されている本『チーズ図鑑』（文藝春秋）のページをめくりながら、見たことも聞いたこともないチーズの写真を眺め、輸入されているチーズを片っ端から食べては、インターネット上に感想をアップすることを始めました（おそらく日本初のチーズをテーマとしたウェブサイトです）。やがてただ食べているだけでは飽き足らず、どんな人がどんなチーズを作っているのか知りたくて、国内外の生産現場を訪ね歩くようになりました。1990年代の終わり頃には、日本にも牛を飼ってミルクを搾りチーズを作る手作りの小さなチーズ工房が増えてきたので、特にその頃から国内のチーズ工房を多く訪ねるようになりました。

　工房の皆さんは、チーズ作りを知らない素人の私の稚拙な質問に対しても、丁寧に答えてくれました。そうして実際にお邪魔して話を聞くことによって、ミルクからチーズを作る工程での細かな違いはもちろん、餌などの違いでミルクの栄養価がどう変わってくるのか、その栄養価の違いがチーズの味にどう影響するのか、また熟成に関わるさまざまな微生物をどう選択してうまく利

用するかなど、チーズの出来栄えや味わいにはいろいろなファクターが組み合わさっていることを知りました。そして何より、作る人の人柄がチーズに強く表れるということも、実際に作り手にお会いすることで気付きました。チーズには、ミルクを生み出す牛、牛を育てる酪農家、ミルクの良さを存分に引き出すための努力を惜しまない作り手など、血の通った人や動物が介在しているのです。「人と自然が作るもの」、それがチーズなのだと思います。

　欧州からの輸入チーズの関税が撤廃されるEPA（日EU経済連携協定）が2019年にも発効され、国産のナチュラルチーズに影響が出るのでは、と心配されています。しかしこの10年余りの間に、日本のチーズの品質は向上し、海外のコンテストで上位の賞を取る工房も現れました。日本の各地で、気候風土と作り手の個性が反映されたチーズが誕生しています。

　この本で紹介している作り手たちは、それぞれ工房の環境も違えば、背景なども違います。しかしどの作り手にも共通して言えることは、自分の目指すチーズに対して真摯に向き合い、突き詰めていこうとする姿勢が感じられ、作るチーズにその人柄が表れているということです。できる限り作り手にスポットライトを当て、その工房で作られるチーズの特徴やユニークさをお伝えするつもりで書きました。この本を読んで、少しでも日本のナチュラルチーズに興味を持って、食べてみたいと思ってもらえたらと願っています。そして，訪問の際に工房の見学を受け入れていただき、チーズにまつわる話を丁寧にしてくださった各工房の皆さま、チーズのテイスティングをともにしてくれた吉安由里子さん、柴本幹也さんに深く感謝いたします。

目 次

はじめに ……………………… 2

日本のナチュラルチーズの基礎知識 ……………… 6

チーズ＆チーズ工房案内 … 17
チーズのデータの見方 ……… 18

北海道

ノースプレインファーム
（北海道・興部町）……………… 20

チーズ工房チカプ
（北海道・根室市）……………… 28

鶴居村農畜産物加工施設 酪楽館
（北海道・鶴居村）……………… 34

共働学舎新得農場
（北海道・新得町）……………… 40

十勝千年の森
（ランラン・ファーム）
（北海道・清水町）……………… 50

ニセコチーズ工房
（北海道・ニセコ町）…………… 58

山田農場 チーズ工房
（北海道・七飯町）……………… 66

十勝品質事業協同組合
（北海道・十勝）………………… 74

※本書に掲載されているチーズ工房の「Data」および
　チーズの価格は2018年10月現在のものです。

東北
弘前チーズ工房
カゼイフィーチョ・ダ・サスィーノ
（青森県・弘前市）・・・・・・・・・・・・・・・・・ 82

関東
那須高原今牧場 チーズ工房
（栃木県・那須町）・・・・・・・・・・・・・・・・・ 88

Vilmilk
ビルミルク
（群馬県・大泉町）・・・・・・・・・・・・・・・・・ 96

高秀牧場 チーズ工房
（千葉県・いすみ市）・・・・・・・・・・・・・・ 104

CHEESE STAND
チーズスタンド
（東京都・渋谷区）・・・・・・・・・・・・・・・・ 110

中部
Atelier de Fromage
アトリエ・ド・フロマージュ
（長野県・東御市）・・・・・・・・・・・・・・・・ 118

Bosqueso Cheese Lab.
ボスケソ・チーズラボ
（長野県・佐久市）・・・・・・・・・・・・・・・・ 126

H.I.F
開田高原アイスクリーム工房
（長野県・木曽町）・・・・・・・・・・・・・・・・ 134

中国
木次乳業
（島根県・雲南市）・・・・・・・・・・・・・・・・ 140

三良坂フロマージュ
（広島県・三次市）・・・・・・・・・・・・・・・・ 148

九州
Nakashima Farm
ナカシマファーム
（佐賀県・嬉野市）・・・・・・・・・・・・・・・・ 154

ダイワファーム
（宮崎県・小林市）・・・・・・・・・・・・・・・・ 162

Let's
チーズテイスティング！ ・・・ 170

CHEESE INDEX ・・・・・・・・・ 174

日本のナチュラルチーズの
基礎知識

日本には300軒近くの
ナチュラルチーズの工房があります

ナチュラルチーズとは？

　チーズは数千年もの歴史を持つ発酵食品です。乳酸菌や酵素でミルクを固めて水分を抜き、保存性を高めた食品で、微生物や酵素がチーズの状態を日々変化させていきます。つまり熟成する食品です。日本では、このタイプのチーズを「ナチュラルチーズ」とよんでいます（ちなみにヨーロッパなどチーズ製造が伝統的に行われている地域では、単に「チーズ」とよばれています）。

　一方、私たちにとってなじみがあるチーズといえば、ひと口サイズのものやスライスタイプの「プロセスチーズ」でしょう。日常の食卓、そしてスーパーマーケットや小売店の陳列棚で見かけるのは、圧倒的にプロセスチーズです。ナチュラルチーズを加熱して溶かし、乳化させて再び冷やし固め、日持ちを良くした、状態が変化しない加工品で、19世紀末にスイスで製法が開発され、20世紀にアメリカで実用化されました。

プロセスチーズが普及した理由

　日本で初めてチーズが作られたのは、明治初めのこと。札幌に牧場を開いたアメリカ人が、横浜や神戸に住んでいる外国人向けに作ったのが最初です。明治後期になると、函館のトラピスト修道院でも作られ始めました（ただし自給自足のためのものでした）。そして日本の大手乳業メーカーによるナチュラルチーズの製造は、記録に残っている限りでは、昭和の初期に始まりました。ただしまだこの頃は、チーズが日本の食卓に上がることは滅多にありませんでしたので、生産量は大変少なかったようです。

　日本の食卓にチーズが登場するのは、生活の洋風化が始まる昭和40年代頃から。戦後、学校給食にプロセスチーズが取り入れられたことから、「チーズ」という食品が認知され、家庭でも消費されるようになります。以来、プロセスチーズを中心に大手乳業メーカーがこぞって製品を作り、多

くの種類と量が流通してきました。こうして今でも、なじみのあるチーズといえば、プロセスチーズとなったわけです。

加工用とテーブル用の輸入チーズ

　1970（昭和45）年の大阪万博以降、量は少ないものの、海外からの輸入チーズの種類もだんだん増えていきました。とはいえ昭和40〜50年代は、まだまだプロセスチーズの製造ばかり。ところが1988（昭和63）年以降、日本のナチュラルチーズの消費量はプロセスチーズよりも多くなります。ナチュラルチーズは、パンやケーキ、スナック菓子に、はたまたレストランやファストフード店のグラタン、ピザ、ハンバーガーなどに欠かすことができない食材として重宝されたのです。このような二次的な利用法の増加から、ナチュラルチーズの消費量がプロセスチーズのそれを上回っていきました。

　現在、ナチュラルチーズのほとんどは海外から輸入されています。加工利用によってたくさん消費されているチーズは、大量生産で比較的価格が低いオーストラリアやニュージーランドなど、オセアニアからの輸入が圧倒的です。それに対して、私たちが日々の食卓でそのままパンやワインなどとともに食べる、いわゆる「テーブルチーズ」とよばれるチーズは、フランスやイタリアなどヨーロッパ諸国から数多く輸入されています。1990年代頃からのワインブームに乗り、これらのチーズの輸入も、加工用に負けず劣らずグンと増えました。

小規模で個性的な日本のチーズ工房

　日本国内でも、ここ数十年で小規模の生産者が増加して、2018年現在は全国で300軒近くのチーズ工房がテーブル用のナチュラルチーズを作っています。実はこうした本格的なテーブルチーズの製造の歴史は昭和50年代以降から始まります。しかしその生産量は微々たるもので、国内に流通することもありませんでした。今も小規模な生産者が多いということもあり、まだまだ生産量、発信力ともに足りていないため認知度はいまひとつなのですが、生産者の個性が光るチーズが数多く存在しているのです。

日本のナチュラルチーズの **基礎知識**

牛乳製のチーズが中心。
シェーヴルチーズも増えています

地域によって獣種はさまざま

「チーズは何から作られているかご存じですか？」
これは私が主催するチーズ講座で、最初に投げかける質問です。すると、「牛乳‼」という答えが一番多く返ってきます。「正解！」と言いたいところですが、残念ながら「大正解」ではありません。

　答えは「ミルク」。日本ではミルクといえば牛乳ですが、世界では牛乳のほか、山羊乳、羊乳、水牛乳など、いろいろあります。気候風土や宗教を含む文化的な習慣から飼われる家畜がそれぞれ違うため、チーズの原料となるミルクの種類は地域によってさまざまなのです。

　例えば、乾燥した暑い気候の地中海沿岸（トルコ〜ギリシャ〜南イタリア〜南仏〜スペイン）では、乾燥した土地に適応しやすい羊が紀元前から飼育されていて、チーズといえば羊乳のものがほとんどです。一方、アルプスやフランス中南部のオーヴェルニュ地方などの山岳地帯では、冬季は寒さと雪で生産活動が滞ってしまうため、夏の間に保存食となる乳製品をたくさん作る必要がありました。そのため乳量が多く冷涼な土地に適している牛の飼育が盛んで、牛乳製の大型のチーズが伝統的に作られています。またヒマラヤにあるチベットやブータンでは、厳しい自然環境に適応したヤクのミルクでチーズが作られていますし、スカンジナビア北部のラップランドやフィンランドではトナカイのミルクで作られるチーズがあるそうです。

ミルクによって異なるチーズの個性

　そして獣種が違えば、ミルクの泌乳量（乳が出る量）や乳成分も違ってきます。例えば牛（ホルスタイン種）は、1日平均20〜30ℓの乳量がありますが、山羊（日本ザーネン種）は平均2〜5ℓの乳量しかありません。また獣種の違いによる乳成分の違いを見てみると、羊や水牛のミルクの脂肪は、牛乳の約2倍もあります。

■ 獣種別乳組成 (g／100ml)

動物	脂肪	タンパク質	乳糖	全固形分
牛	3.8	3.3	4.8	—
山羊	2.5-7.8	2.5-5.1	3.6-6.3	10-22
羊	5.1-8.7	4.7-6.6	4.1-5.0	16-22
水牛	6.4	4.7	4.6	16.3

(『チーズの教本2016』 P19より一部抜粋)

　また肉眼では識別できませんが、タンパク質や脂肪の性質や大きさ、また含まれるビタミン、ミネラルなど微量成分の含有率なども、獣種によって違いがあります。この違いは加工してチーズになったときに、味や見た目に現れてきます。分かりやすい例では、牛乳製と水牛乳製のモッツァレラチーズがあります。どちらも一見すると白い色のチーズなのですが、牛乳製は水牛乳製に比べて黄色味がかっています。これは牧草などに含まれるカロテノイドという脂溶性の色素が、牛は体内で分解しきれずミルクに含まれるのに対して、水牛は体内で分解できるのでミルクに含まれないからです。ですから牛乳製のモッツァレラは黄色味がかり、水牛乳製のモッツァレラは真っ白になるのです。さらに青草が生える初夏から夏の牧草を食べている牛のミルクで作るモッツァレラは、まるでバターのような黄色になります。

　また乳種による味わいの違いの例を挙げると、脂肪の含有量が多い羊乳で作るチーズは、牛乳製のチーズに比べると、脂肪由来の濃厚な甘味や風味がより際立っていることが多いのです。

牛の種類によっても異なる味わい

　同じ牛でも、品種によってミルクの質が微妙に違います。古くから乳文化が発展してきたヨーロッパでは、気候風土や地形などに適応してきた牛の品種が各地に存在しています。山岳地方のアルプスでの放牧に適応しやすいのは、小ぶりで脚腰が強いフランスのアボンダンス種やモンベリヤール種、スイス原産のブラウンスイス種などで、今でも原産地名称保護（A.O.P.）のチーズはその規定の中で原料乳の牛の品種も限定しています。

日本のナチュラルチーズの **基礎知識**

アボンダンス種

モンベリヤール種

　日本で乳牛といえば白黒のホルスタイン種がおなじみです。なんと国内の乳牛の99％がホルスタイン種だそう。ホルスタイン種は改良により、ほかの品種に比べると格段に泌乳量が多く、生産される生乳の大半が飲用乳利用という日本の消費形態にはマッチした品種です。それ以外の残り1％の品種は、泌乳量は少ないけれど、ホルスタイン種より乳脂肪分とタンパク質が多いジャージー種やブラウンスイス種などです。量は少ないながら乳固形分が多いミルクは、バターやチーズなどの乳製品加工用としては優れているのです。

■ 牛の品種と乳量、乳成分

種	収量（kg／日）	タンパク質（％）	脂肪（％）
ホルスタイン	25-35	2.8-3.2	3.3-4.1
ジャージー	19-25	3.1-3.9	4.1-4.9
ブラウンスイス	21-29	3.1-3.5	3.6-4.4

（『チーズの教本2016』 P19より一部抜粋）

豊かになる獣種のバリエーション

　日本の酪農は牛が中心ということもあり、国産のチーズのほとんどが牛乳製です。ところが2000年以降、徐々にシェーヴルチーズ（山羊乳のチー

ホルスタイン種
(写真提供：北海道庁)

ジャージー種
(写真提供：岡山県真庭市)

ブラウンスイス種

ズ)を作るチーズ工房が増えてきています。

　山羊は体が小さく、牛のように多くの餌を必要としないことから、荒れ地や狭小な土地でも、手軽に飼育できる家畜です。しかも雑草や木の幹の皮、木の葉なども食いちぎることができる丈夫な上あごを持っているので、除草目的などで庭先や裏山で簡単に飼うことができます。日本でも家畜として広く飼われていました。戦中戦後の食糧がない時代に山羊のミルクを飲んでいたという話もよく聞きます。戦後に山羊の飼育頭数はぐっと減ってしまいましたが、新規就農をするときに手を出しやすい獣種であることから、ここに来てまたチーズ製造に利用する目的で飼育する山羊農家が増えてきたのです。

　また山羊ほどではありませんが、羊を飼って羊のチーズを作る工房も少しずつ増えています。そしてなんと水牛を飼って水牛のモッツァレラを作っている工房もあります。

　このように日本のナチュラルチーズ製造の現場もオリジナリティを求め、いろんな獣種にチャレンジし、バラエティがますます広がっています。ほかとの差別化を図るため、あえて珍しい獣種を取り入れていく傾向は、日本のチーズ文化の裾野がかなり広がった証拠なのでしょう。今のさまざまなチャレンジによって、日本のナチュラルチーズ文化が50年後、100年後にどうなっていくのか。考えるだけでワクワクしますね。

日本のナチュラルチーズの **基礎知識**

国産チーズコンテストは秋に開催。
海外のコンテストでも評価されています

国産ナチュラルチーズの今を知るコンテスト

　国内で行われる規模の大きなチーズのコンテストは、隔年秋に交互に開催される「ALL JAPAN ナチュラルチーズコンテスト」と「Japan Cheese Award」があります。このふたつのコンテストはどちらも「日本国内で作られるナチュラルチーズのコンテスト」であり、その品質向上のために始まりました。

ALL JAPAN ナチュラルチーズコンテスト

　日本のチーズ工房の軒数が急激に増え始めた1990年代。まだ食生活の中にナチュラルチーズが根付いていなかったこともあり、チーズ工房も手探りで製造していることが多く、ヨーロッパのチーズをお手本に作り、名前もそのまま付けたもの（例えば「カマンベール」や「ゴーダ」など）が大半でした。そんななか国産のナチュラルチーズの品質向上と販路拡大を目的として、1998年に「第1回 ALL JAPAN ナチュラルチーズコンテスト」が一般社団法人中央酪農会議主催で開催されました。その後、隔年で実施されるようになり、2017年の10月31日〜11月1日には、11回目のコンテストが開かれました。

　記念すべき第1回のコンテストが行われた当時は、ナチュラルチーズを製造する工房は全国で76軒ほどしかなく、出品されたチーズも79品、カテゴリーは3部門でした。それが19年経った2017年には、工房数は全国で270軒以上になり、出品されたチーズの数は161品、カテゴリー数は11部門と格段に増え、国産チーズの生産の拡大やバラエティの広がりが数字にも表れています。

　コンテストの審査は、第1次審査から第3次審査は非公開で行われ、最終審査はステージ上での公開審査となり、最高賞に当たる農林水産大臣賞などの受賞チーズが決まります。審査方法、チーズのカテゴリーの分け方などは、その時々の事情に合わせて改正があり、現在に至っています。

食べ手のプロが選ぶ Japan Cheese Award

　2000年に設立されたNPO法人 チーズプロフェッショナル協会（C.P.A.）が主催する「Japan Cheese Award」は2014年に第1回が開催されました。このコンテストの特徴は大きくふたつあります。ひとつは「審査員の大半が食べ手のプロ」であるということ。審査員はチーズの資格で難関に位置付けられている「チーズプロフェッショナル資格認定」を持っていて、なおかつチーズの品質評価に関するセミナーを受講し、そして審査員となるための味覚の訓練を1年以上してきた人たちです。そのなかにはチーズの販売に携わっている人、料理研究家、チーズやワイン教室の講師など、日頃からチーズに関わっている人が多くいます。そしてこの集団に、チーズの専門家（チーズ製造技術の教官や海外のチーズコンテストの審査員経験者など）とチーズ生産者が加わり、3～4名のグループに分かれて協議しながら、ひとつひとつのチーズをチェックする審査方法を取っています。

　もうひとつの特徴は、審査の結果報告書（フィードバックシート）を工房に送付することです。審査員は、例えば「不揃いの小さな穴が上側に多く見られた」、「苦味を強く感じた」など、減点対象となった事項を細かく記します。単に賞が取れた、逃したといった勝負の場ではなく、チーズを出品した工房に向けて、今後さらなる改善を図るためのヒントを提案するコンテストなのです。2018年10月には第3回が開催され、78工房の231品のチーズが出品されました。

国際コンテストでも受賞

　第1回、第2回の「Japan Cheese Award」で金賞を受賞したチーズ工房のチーズは、フランスで開催された「Mondial du Fromage（モンディアル・デュ・フロマージュ）」という、チーズおよび乳製品のプロ向け国際見本市で開催される「国際チーズコンテスト」に出品されました。このコンテストでは、フランスやイタリアなどヨーロッパの国々のほか、アメリカやイスラエル、ブラジルなど世界各国のチーズやバターなどの乳製品が集められ、その出来を競い合います。600品以上もの乳製品が出品され（そのほとんどはチーズです）、審査するのは世界各国のチーズ商、チーズ

日本のナチュラルチーズの **基礎知識**

生産者＊、チーズジャーナリストなど、チーズ関連の仕事に従事している人たちです。日本のチーズは2015年にスーパーゴールド2品、金賞4品、銀賞1品、銅賞5品。2017年に金賞3品、銀賞3品を受賞しています。

＊チーズ生産者はコンテストに自分のチーズを出品していないことが条件

コンテストから見る日本のチーズの傾向

　これらのコンテストに出品されるチーズの傾向やその数量、そして出品工房の地域などから、日本のナチュラルチーズの今が如実に見えてきます。近年のふたつの国産チーズのコンテストを見てみると、フレッシュタイプとパスタフィラータタイプの出品数が目立って多くなっています。

　フレッシュタイプでは特に「リコッタ」の出品が多く、東京では国産のリコッタはあまり見かけないだけに、こんなにも多くの工房で製造されているのかと驚きました。リコッタは鮮度が命ですから、おそらく大半が地元で消費されているのでしょう。

　パスタフィラータタイプのモッツァレラは、北は北海道、南は沖縄まで、全国各地の工房で製造されています。規模の大きな乳業会社で作っているものもあれば、小さな工房が手作りをしているものまで多種多様です。モッツァレラが今やそれほど珍しいものではなくなり、気軽に買って楽しめるチーズになっていることが分かります。

　またモッツァレラのカード（生地）を袋状にしたものに、細かく刻んだモッツァレラのカードと生クリームと和えたフィリングを包み込む「ブッラータ」は、しばしばメディアに取り上げられたこともあってか、出品数が増加しています。このチーズの流行はしばらく続きそうです。

　一方、熟成期間が長い圧搾タイプ（本書では非加熱圧搾・加熱圧搾と表示）に出品されたチーズの大半が、北海道で製造されているものでした。特にここ数年ですっかりおなじみになったラクレットは大半が北海道産。この傾向は長期熟成に適した北国という気候ゆえのことか、チーズ製造の歴史が長い地域だからか、それとも製造から熟成まで高度な技術を持つ工房が多いのか……。いずれにしても、チーズのタイプに地域性が現れてきているというのは、「土地の味を表す発酵食品」というチーズの本質

に近付いてきているのかもしれません。

　日本で本格的なナチュラルチーズ作りが始まってから、まだ30年ほど。今では300軒近くのチーズ工房がありますが、まだまだキャリアが浅い工房もあります。品質は全般的に上がってきたとはいわれていますが、もっと伸び代はありそうです。しかも日本の風土が作る「日本らしいチーズ」というものが、まだ確立されていない段階です。単なる人気やブームのおかげで売れることを良しとせず、まさに今こそ、品質を伴ってなおかつ日本人に愛されるチーズを模索していく時期なのだと思います。

ALL JAPAN ナチュラルチーズコンテストで審査をする筆者(右)

ALL JAPAN ナチュラルチーズコンテスト
http://www.dairy.co.jp/news/cheesecontes

Japan Cheese Award
http://www.japancheeseaward.com

Mondial du Fromage
http://www.mondialdufromage.com

動物の乳と人の手、そして発酵と熟成に関わる微生物で作り上げるのが「ナチュラルチーズ」

(写真提供：アトリエ・ド・フロマージュ)

| 北海道 | 東北 | 関東 | 中部 | 中国 | 九州 |

チーズ&チーズ工房案内

この本で紹介するチーズ工房はユニークでどんどんパワーアップしている工房ばかり。そんな熱意を持っているチーズメーカーを取材してきました。掲載したもの以外にも魅力的なチーズが多くありましたが、試食して特に印象に残ったものを紹介しています。

チーズのデータの見方

ノースプレインファームのおいしいチーズ

春草の有機チーズ
（春の、季節の有機セミハードチーズ）

※6〜10月頃に販売
630円(80g)　非加熱圧搾
ホールサイズ φ26×H10cm（円盤形）、4.7kg
原料乳 牛（主にホルスタイン種）　熟成 1〜4カ月

雪溶けを迎えて青草が生え出す頃に放牧した牛の全乳（脱脂をしないミルク）から作る。青草を食べた牛のチーズは干し草を食べた時に比べカロテン含有量が多いため黄色っぽくなる。「有機JAS認証」。

●テイスティングコメント
「淡いたまご色をした、水分が多めの若いセミハードチーズ。しっとりとした食感で口溶けがよい。」(佐藤)「やさしく穏やかな味わいで、後味に少し酸味もあり爽やか」(吉安)「ミルクの良さを感じる香りとコクのあるクリーム感。ほどよいうま味。バランスが良く、余韻が心地よい」(柴本)

— チーズの説明

こんなふうに味わいたい
食べやすく、さまざまな使い方ができるチーズ。普段の食事やおやつに取り入れて気軽につまみたい。

こんなふうに味わいたい
テイスター3人がチーズをおいしく楽しむヒントを提案しています。

テイスティングコメント
筆者のコメントに加え、NPO法人 チーズプロフェッショナル協会（C.P.A.）認定チーズプロフェッショナルの吉安由里子さんと柴本幹也さんの試食コメントを掲載しています。

テイスタープロフィール

吉安 由里子（よしやす・ゆりこ）さん

NPO法人 チーズプロフェッショナル協会理事。C.P.A.認定チーズプロフェッショナル／チーズ検定講師。協会の理事としてナチュラルチーズマニアが増えるのを心から願う毎日。近年目覚ましくおいしさを進化させている国産チーズにはまっている。日本ソムリエ協会認定ワインエキスパート。

柴本 幹也（しばもと・みきや）さん

「日本チーズと日本ワインのお店 Bar 湘南ファーム」代表。C.P.A.認定チーズプロフェッショナル。農場を訪れたときのように食と農の繋がりを感じることができる日本チーズ専門店やチーズイベントなどを通じて、日本のナチュラルチーズを伝えるべく活動中。日本ソムリエ協会認定ワインアドバイザー。

―――― 掲載しているチーズの原料乳の獣種を表しています。

牛	牛	牛	山羊	山羊
ホルスタイン種	ブラウンスイス種	ジャージー種	日本ザーネン種	アルパイン種

販売期間　：販売期間が限られているチーズのみに記載しています。
価格（g）　：税抜きの価格です。
チーズの分類：下記の 8 タイプに分けて表示しています。
ホールサイズ：ホールのおおよそのサイズ、（形状）、重さを表示しています。
原料乳　　：原料に使われているミルクの獣種と品種を表示しています。
熟成　　　：工房での熟成期間を表示しています。

チーズの分類

本書のチーズの分類は、「NPO 法人 チーズプロフェッショナル協会（C.P.A.）」がチーズの製法から区分した分類に基づいています。C.P.A. が主宰する「Japan Cheese Award」においても、この分類でカテゴリーを設けています。

フレッシュ（軟質非熟成）
液体のミルクを乳酸菌や酵素で固めてチーズを作ったのち、熟成という工程を経ないで製品となるチーズ。乳脂肪分を高めて作るものもある。

パスタフィラータ
ミルクを酵素などで固めたのちに熱湯を加えて、生地を練って繊維状にする工程を経たチーズ。モッツァレラやカチョカヴァロなど。

白カビ
チーズの周りに白カビを生やして熟成させる。白カビが出す酵素で外側からチーズ中のタンパク質を分解して軟らかくしていく。

酸凝固
乳酸菌が出す乳酸の作用によりミルクの酸度が pH4.6 以下に下がると、乳中のタンパク質が凝固する性質を利用する製法。山羊乳製チーズに多い。

ウォッシュ
チーズを塩水などで洗いながら熟成させ、周りにリネンス菌を意図的に生やす。菌が出す酵素でタンパク質を分解。表皮の独特の風味と粘りが特徴。

青カビ
チーズの中に青カビを生やして熟成させる。青カビの出す酵素によって主に脂質を分解し、ブルーチーズの独特の風味を作る。

非加熱圧搾
（半硬質～硬質熟成）
ミルクを固めたのち、型に詰めてから重しなどを使って圧力をかけて成型する工程がある。一般的には「セミハードタイプ」といわれている。

加熱圧搾
（硬質～超硬質熟成）
チーズの水分量を低くするため、50 度前後まで加熱して水分を抜き、圧力を加えて成型する工程がある。「ハードタイプ」といわれている。

「フェルミエ」と「レティエ」って何？
各工房の Data で「工房の形態」の区分として使用している「フェルミエ」と「レティエ」。これらは原料となるミルクをどこで作っているかを表しています。

フェルミエ：フランス語で「農家」の意味。動物を飼育し、搾乳しながらチーズを作る工房を指す。
レティエ　：フランスでは「フェルミエ」の対義語。ミルクを購入してチーズを製造する工房を指す。

北海道・興部町

国産オーガニックチーズという新しい価値

ノースプレインファーム

化学的なものを一切使わない牧草地に牛を放牧し、オーガニック牛乳やヨーグルトを作っているメーカーが、そのミルクでチーズを作っています。「有機」を明記したそのチーズは、日本のナチュラルチーズに新しい価値を作りました。

Data　北海道紋別郡興部町北興 116-2
tel 0158-88-2000　http://northplainfarm.co.jp

●創業年／1988 年　●工房の形態／フェルミエ　●工房の見学／可（事前に要相談）
●原料乳の獣種／牛（主にホルスタイン種）　●チーズの購入方法／直売所の店頭やオンラインショップ、またはチーズ販売店、自然食販売店、道産食品アンテナショップなどで
●工房の直売所／農場内直営ショップ「ミルクホール」（tel 0158-82-2422）　営 10 〜 17 時（カフェのランチタイム 11 〜 14 時）、火曜休（祝日は営業）

ノースプレインファームのおいしいチーズ

こんなふうに味わいたい
食べやすく、さまざまな使い方ができるチーズ。普段の食事やおやつに取り入れて気軽につまみたい。

春草の有機チーズ
（春の、季節の有機セミハードチーズ）

※6〜10月頃に販売
630円（80g）　非加熱圧搾
ホールサイズ　⌀26×H10cm（円盤形）、4.7kg
原料乳　牛（主にホルスタイン種）　熟成　1〜4カ月

雪溶けを迎えて青草が生え出す頃に放牧した牛の全乳（脱脂をしないミルク）から作る。青草を食べた牛のチーズは干し草を食べたときに比べカロテン含有量が多いため黄色っぽくなる。「有機JAS認証」。

● テイスティングコメント
「淡いたまご色をした、水分が多めの若いセミハードチーズ。しっとりとした食感で口溶けが良い」（佐藤）「優しく穏やかな味わいで、後味に少し酸味もあり爽やか」（吉安）「ミルクの良さを感じる香りとコクのあるクリーム感。ほどよいうま味。バランスが良く、余韻が心地よい」（柴本）

こんなふうに味わいたい
ソーヴィニヨン・ブランなどハーブ系の香りの白ワイン、またはウイスキーや日本酒、ビールと一緒に。

おこっぺハードチーズ（夏ミルク）

※5〜12月頃販売
720円（80g）　非加熱圧搾
ホールサイズ　⌀26×H10cm（円盤形）、4.7kg
原料乳　牛（主にホルスタイン種）　熟成　12カ月

夏の時期の青草は栄養価が高く、その草を食べた牛からはチーズに適した良質なミルクが得られる。夏のミルク（有機生乳）を使い、1年以上熟成をさせて、うま味やコクを出したこだわりのチーズ。11〜4月に仕込む（冬ミルク）もある。

● テイスティングコメント
「華やかでフルーティな香り。ところどころにアミノ酸の結晶がある。うま味と熟成感が強く食べ応えがある」（佐藤）「ミルクの質の良さが、熟成を経て複雑に変化した印象」（吉安）「ほろっとしたテクスチャーとしゃりっとしたアミノ酸の食感が楽しい。複雑で力強くも上品な味わい」（柴本）

ノースプレインファーム ● 北海道興部町

こんなふうに味わいたい
サンドイッチやダイス状にカットしてサラダのトッピングに。クラッカーにのせてオードブルとして。

ゴーダチーズ

620円(80g)　非加熱圧搾

ホールサイズ ø 26 × H10cm（円盤形）、4.7kg
原料乳 牛（主にホルスタイン種）　熟成 3カ月以上

工房の立ち上げ当時から作られている穏やかな味わいのゴーダタイプのチーズ。カットしてそのまま食べても食べ飽きしない、ベーシックな味わいを目指している。ノースプレインファームの良質なミルクの風味をダイレクトに表している。

● テイスティングコメント

「優しいミルクの香り。穏やかな風味で食べ飽きしない。ほどよい甘味、苦味、塩味のバランス。さっぱりとした後味」（佐藤）「サクッとした口当たりで、かんでいくとうま味がジワジワと出てきて楽しめる」（吉安）「バタートーストのような香り。クセがなく、ほどよいうま味とコクがあり、バランスの良い味わい」（柴本）

こんなふうに味わいたい
ウイスキー、テキーラ、樽の効いた赤ワインのおつまみに。角切りにしてポテトサラダに混ぜても。

スモークチーズ

670円(80g)　非加熱圧搾

ホールサイズ ø 26 × H10cm（円盤形）、4.7kg
原料乳 牛（主にホルスタイン種）　熟成 3〜4カ月

ゴーダチーズを北海道産の桜のチップで燻製したもの。燻製された部分はカビが生えにくい外皮のような役割を果たす。パリッとした食感、鼻腔をくすぐるスモーク臭、そして優しいミルクの風味が楽しめる。

● テイスティングコメント

「穏やかでクセがないチーズに、燻香がアクセントになっている。おつまみ感覚でどんどん手が出てしまう味」（佐藤）「鼻先でのスモークの香りが心地よく、口中ではミルクの穏やかな香りが広がる」（吉安）「ミルクの香りとスモークの香りが見事に調和して、カラメルのような甘く心地よい香りが感じられる」（柴本）

チーズ工房紹介

酪農家が牛を飼い、チーズを作る

　北海道の北部、オホーツク海に面した興部町(おこっぺちょう)は、人口4000弱に対して牛がその3倍も飼育されているという酪農が盛んな町です。東京からのアクセスは飛行機でオホーツク紋別空港まで飛び、そこから車で約40分の移動。車窓には海岸線と牛の放牧風景が広がります。

　この地で最も早くチーズ作りを始めたのが「ノースプレインファーム」。

　4代目となる現社長の大黒宏(だいこくひろし)さんの曾祖父が、徳島から隣町に入植し農地を拓いたことから、その歴史は始まりました。冬の雪と厳しい寒さで、そして夏はオホーツク海からの海霧の影響で低温になるなど、畑作にはあまり向かない土地であったことから、酪農に転換し、生乳の生産を始めたそうです。

　すべての乳製品の原料となる「生乳」は、酪農家が牛を飼い、乳を搾って生産しますが、その先の乳製品、例えば「牛乳」に加工するには、また別に乳処理業の営業免許が必要となり、設備も造らなければなりません。そのためほとんどの酪農家は生乳を農協（北海道の場合はホクレン）に出荷し、大手の乳製品加工業者が牛乳に加工しています。このように日本の乳製品業界は「生乳生産者（酪農家）」と「乳製品加工者（企業）」が別々の産業として成り立ってきました。

　酪農が盛んな興部でも、生産される生乳は、大手メーカーの工場で加工されていたそうです。しかし現社長は、自分たちが生産したミルクを地元で飲めないということに疑問を感じ、「酪農家が乳を搾り、それを乳製品に加工するのは当たり前のこと」という考えから、新規の許可は出さないとされて

ノースプレインファーム●北海道興部町

いた時代の1988（昭和63）年に乳処理業の免許を取得し、自社のミルクプラント（牛乳への加工工場）を建設して、低温殺菌牛乳「オホーツクおこっぺ牛乳」を商品化。そのタイミングで「ノースプレインファーム株式会社」を設立しました。そして3年後の1991年には、興部町で最初のチーズ製造所として、チーズの生産を開始したのです。

ゴーダタイプのチーズが中心

　1991年の製造開始当時からノースプレインファームでは「ゴーダチーズ」（商品名）を作っています。当時は、まだまだナチュラルチーズが根付いていなかった時代。ゴーダといえば本家はオランダですが、日本で作られているプロセスチーズの原料に、たいていゴーダタイプのナチュラルチーズが使われていたことから、多くの人にとって一番なじみやすい味わいのチーズだったのでしょう。そしてまた現在のチーズのラインナップもゴーダタイプのセミハードチーズが中心です。
　「良質な材料で良質なチーズ、そして食べ飽きないチーズを作っていくこと」がノースプレインファームのチーズ作りの考え方だと製造責任者の吉田年成さんは言います。その理念の通り、ここのゴーダチーズは、香りや味わい全体の印象は穏やかでおとなしいのですが、まろやかなミルクの味わいやバランスの良い塩加減、雑味のないきれいな味わいが特徴です。

オーガニックな自給飼料

　そして、この農場の自慢は「一般向けに販売しているすべてのチーズに、オーガニックの自給飼料で育てている牛のミルクを使っている」ことです。春から秋にかけては、搾乳牛、育成牛（まだ歳の若いお産をしていない牛）ともに、日中は放牧をしています。青草をモリモリ食べている牛の放牧風景は、

ヨーロッパの酪農風景と何ら変わらず、ここは本当に日本なのかしらと思うようなのどかさです。

　雪に閉ざされてしまう冬の間は、夏の間に採草地とよばれる牧草畑で収穫した、オーガニックの乾草やラップサイレージを有機JASの規格で与えているとのこと。牛に与える餌については、輸入飼料の価格高騰や、そして最近気掛かりな遺伝子組み換え（肉や乳などには影響がないという見解ではありますが）などといった、日本の酪農家が直面している問題がありますが、ノースプレインファームは代々続く農地を利用して、粗飼料＊は自給でまかなってきました。

　さらに2001年から牧草地への化学肥料の投入をやめ、2013年に飼料の「有機認証」を取得。2014年には生乳の「有機畜産物認証」と乳製品など加工食品対象の「有機加工食品の認証」も取得し、3部門で有機JAS認証を取得。乳製品の一部は「オーガニック」をうたった商品として販売を始めました。

＊全飼料のうち85％以上を占める粗飼料はすべて自給で有機認証。残りの15％には輸入の配合飼料も含まれるが、有機JASの規格に則り、非遺伝子組み換えのものを使用している。

オーガニックチーズへの取り組み

　当たり前のことですが、チーズはミルクから作られます。チーズ製造の際にミルクに加えるものといえば、乳酸菌、凝乳酵素、食塩くらいですから、ほぼ添加物フリーな食品といえます。しかしその原料となるミルクを出す牛が何を食べているのかというところまでは、気に掛ける人もまれですし、トレースできないという現状もあります。自給飼料、しかも有機飼料を使った酪農を実践し、そのミルクで乳製品を作っているところは全国的に見ても、そうたくさんはありません。日本には有機JAS認証の規格基準がありますが、その基準に合格した乳製品を作ることは、まだハードルが高いという現状があります。

ヨーロッパでは有機マークが付いた乳製品を市場でも当たり前に見かけますが、日本ではオーガニック食材店で時折見かける程度。これは製造されている国産オーガニックチーズの絶対数が少ないということもありますが、私たちの関心がまだまだ低いことの表れでしょう。今の日本では、食べ手も作り手もその価値の大きさに、まだ気付いていないのかもしれません。しかし、これからますます食の安心・安全を気に掛ける食べ手は増えてくるでしょうし、作り手もほかとは違う付加価値として（特に国際的な経済協定で市場が開放されたときには）、大いにアピールすべきポイントになることでしょう。

　いち早く、そうした製品作りを始めたノースプレインファームで、現在、有機の認証マークが付いているのは「季節の有機セミハードチーズ」と「おこっぺ有機モッツァレラチーズ」のみですが、そのほかのチーズの原料にも、すべてオーガニックのミルクを使用しているとのこと。ゆくゆくはどのチーズもオーガニックのチーズとして販売をしていきたいと考えているそうです。国産ナチュラルチーズ界に、"オーガニック・ナチュラルチーズ"という価値をしっかりと提示することによって、「選ばれるチーズ」となることでしょう。

| 工房からのメッセージ | 自社牧場の優しいミルクの味のチーズです。2014年末から有機JAS認証を取得し、その規格のチーズも作り始めています。（吉田年成さん） |

(P20、27 写真提供：ノースプレインファーム)

ゴーダチーズが整然と並ぶ熟成庫内

夏は放牧、冬は屋舎で牛を飼う。冬でも基本的に外に出して運動と日光浴をさせる

ノースプレインファーム ● 北海道興部町

北海道・根室市

最東端のチーズ工房

チーズ工房チカプ

北海道の根室で牛を飼っている姉夫婦に誘われて、都心に住んでいた若い夫婦がチーズを作ることになりました。日本の最東端でゼロからスタートしたチーズ作り。都会的なセンスが光るラインナップになりました。

Data　北海道根室市川口 54-3
　　　tel 0153-27-1186　http://www.chikap.jp

●創業年／2013 年　●工房の形態／レティエ　●工房の見学／不可
●原料乳の獣種／牛（ホルスタイン種）　●チーズの購入方法／工房の直売所、通信販売（メールまたは FAX）、またはチーズ専門店で　●工房の直売所／営 10〜17 時、5〜10 月は火・水曜休、11〜4 月は月・火・水曜休

チーズ工房チカプのおいしいチーズ

こんなふうに味わいたい
フルーツのジャムやソースをのせてカナッペに。紅茶に合わせて。

シマエナガ
710円（1ホール）　[白カビ]
[ホールサイズ] ⌀6 × H5cm（円柱形）、95g以上
[原料乳] 牛（ホルスタイン種）　[熟成] 2週間

小ぶりな円筒形の白カビが美しく生えたチーズ。ミルクの甘味を引き出す絶妙な塩加減。

●テイスティングコメント
「温めたミルクの風味とバターのような味わい。絹のような口溶け。中心は酸味が残って爽やか。外皮に近い部分は若干の苦味がある」（佐藤）

こんなふうに味わいたい
加熱料理に。野菜たっぷりの味噌汁に入れるのもいい。

アカゲラ
530円（100g）　[非加熱圧搾]
[ホールサイズ] L26 × W11 × H8cm（直方体）、2.4kg
[原料乳] 牛（ホルスタイン種）　[熟成] 1.5カ月

皮を塩水で拭きながら1〜2カ月熟成させていくセミハードタイプ。ウォッシュチーズのようなクセのあるにおいとナッツのような風味が同居する。

●テイスティングコメント
「焼いたパンや小麦のにおい。漬物や納豆のような香りも感じる」（佐藤）「ねっとりとしていてクリーミー。ミルクの風味とうま味とのバランスがいい」（柴本）

こんなふうに味わいたい
そのままほうじ茶に合わせて。またはオーブン料理に。

シマフクロウ
640円（100g）　[加熱圧搾]
[ホールサイズ] ⌀40 × H11cm（車輪状）、15kg
[原料乳] 牛（ホルスタイン種）　[熟成] 6カ月

搾乳後、乳脂肪分を調整しないミルクを用いて、半年以上熟成庫で丹念に手入れした大型のハードタイプのチーズ。木の実のような風味とうま味が豊か。

●テイスティングコメント
「かつお節を思わせる香りとうま味」（吉安）「きれいに手入れされた外皮にオレンジがかった濃い黄色の生地。力強い味わいと香ばしい香り。雑味のない味わい」（柴本）

チーズ工房チカプ ● 北海道根室市

チーズ工房紹介

売りに出された牧場とチーズ工房

　北海道の釧路から根室の間にある根釧台地は、日本で最大の酪農地帯です。豊富に生産される生乳を原料に、牛乳や乳製品（練乳や脱脂乳、チーズなど）を製造するため、名だたる大手乳業メーカーが工場を稼働させています。そして根室には日本で最も東に位置しているチーズ農家（酪農とチーズ工房を営む農家）がありました。

　しかし後継者がいないという理由で廃業することになり、2011年に牧場とチーズ工房は売りに出されました。その牧場は、新たに農業を始める若い夫婦、横峯庸さん、横峯祐子さんが引き継ぐことになり、彼らは研修先の足寄から根室に移住してきました。

　そしてせっかくチーズ工房の設備が整っているのだから、自分たちが搾るミルクで誰かにチーズを作ってもらいたいと考えた夫妻は、祐子さんの妹の馬渡芙美子さんと、当時はまだフィアンセだった菊地亮太さんに「チーズ工房があるので、チーズ作りをしないか？」と声を掛けたそうです。

　これが「チーズ工房チカプ」の始まりでした。

新しい挑戦にワクワクしながら

　東京で働いていたふたりは、とりあえず姉夫婦のもとに遊びに行くつもりで、2011年の5月に連休を利用して中標津空港に降り立ったそうです。しかし空港に着くなり、中標津でもう20年近くチーズ作りをしている三友牧場の三友由美子さんのところに、（菊地さんいわく）連れて行かれ、チーズ作りを見るようにすすめられるがまま、結局、牧場に5日間滞在することにな

りました。

　この間、通常その時期には仕込まないようなチーズまで見せてもらったり、また酪農家たちの集まりにも参加したりして、彼らの理想に向かって意欲的に仕事に取り組む姿を見て、ご夫妻は「とてもキラキラとしたステキな生き方だなぁ」と感銘を受けたそうです。

　チーズを作る気持ちはほとんど持たずに、単に遊びに行ったはずの北海道旅行でしたが、「こういう生活もアリかもしれない……」と感じたとのこと。東京に戻ったふたりは、チーズ工房を購入することを決め、それから結婚をして、退職して、その年の９月には、再び三友牧場でチーズ作りのノウハウを習得すべく研修に入りました。

　こうしていろいろな条件が揃い、まわりの強力なサポートで始まった菊地夫妻のチーズ人生。それにしても、まったく経験のない新たな道に踏み込むに当たって、しかも知らない土地で、何の迷いも不安もなかったのですか？　という質問に、亮太さんはこう語ってくれました。

「当時は、コンピューター関連の会社に勤務していて、当然、チーズを作ったこともなかったので、チーズ作りが、いかに大変なものかということすら、想像もできませんでした。チーズの『チ』の字も知らないくらいだったのが、かえって良かったのかもしれません。チーズ作りの師匠である三友さんが『すべて教えてあげるから』と言ってくださったのも、心強かったのです」

　そしてふたりとも声を揃えて、「これからの生活が心配というより、新しいことにチャレンジをするというワクワクした気持ちのほうが強かったのです。義兄夫婦もいますし、何より地元の人たちに、とても温かく受け入れていただいていると感じています」と言います。

ナーズ工房チカプ　●　北海道根室市

毎日のチーズ作りが微生物を育てる

　約1年半の研修の後、2013年7月に根室で唯一のチーズ工房として、チーズ作りをスタートしました。チーズの原料はもちろん、横峯さん夫妻の放牧牛の生乳です。

　放牧牛のミルクの乳固形成分は、牛舎の中で飼育されている牛のミルクに比べて多少薄めになるそうですが、香りや味に雑味がなく、チーズにすると苦味や酸化臭などが出にくいといわれています。そのように飼育されたミルクを、しかも近い親戚から購入できるというのは大変恵まれています。またチーズ工房を居ぬきの状態で買い取ったため、道具や熟成庫などの設備が揃っており、必要な備品は手作りしたり、ほんの少し買い足したりする程度で済んだことも、ラッキーだったと亮太さんは言います。

　そしてすべてが整い、順調に製造が始まる……はずだったのですが、そこは、なかなかスムーズにはいかないこともあったそう。研修先で習得したようにチーズを製造しても、使うミルクの違いや工房の道具の違い、そして中標津と根室の微妙な気温や湿度の違いで、思うようなチーズが作れませんでした。さらに工房が売りに出されてから稼働させるまでに2年間のブランクがあったので、チーズの熟成庫の菌叢（きんそう）（微生物の種類や状態）が崩れていて、熟成のコントロールがとても困難だったとのこと。熟成チーズは、微生物が味を作っていくと言っても過言ではありませんから、熟成にとって良い微生物が戻ってくるまでは、販売できるようなチーズがなかなか仕上がらなかったそうです。工房を始めて5年経った現在、開業当初から作り続けているチーズの仕様や製法などの改善を重ねて、チーズのクオリティはどんどん高まっています。

　熟成庫にチカプならではの微生物が棲みついて、安定的にチーズが作れるようになる頃には、菊地さん夫妻はすっかりこ

の土地の人となり、日本で最も東の土地の味を伝えるチーズメーカーに成長されることでしょう。若いふたりのこれからの躍進に、大いに期待が持てます。

工房からのメッセージ

チーズ作りに使う姉夫婦の牛乳は、放牧を中心とした牛に負担をかけない酪農スタイルで、季節によって色や風味の違いが楽しめる、とてもおいしい牛乳です。私たちは、その牛乳の味わいを生かしたチーズを作っていきます。私たちがそうだったように、チーズを知らないたくさんの人に、さまざまな味わいや食べ方があることを知ってもらい、楽しんでもらえるよう頑張っていきたいと思っています。（菊地亮太さん）

根室市内に向かう国道44号線沿いにある工房の看板

菊地亮太さん、芙美子さんご夫妻

ナーズ工房チカプ ● 北海道根室市

北海道・鶴居村

地元に愛されるチーズ

鶴居村農畜産物加工施設　酪楽館(らくらくかん)

村自慢のミルクを、村と民間が共同で運営する工房がチーズに加工しています。ほとんどが周辺の地域で消費されていますが、コンテストでの連続受賞などで知名度は全国区となり、村自慢のチーズ工房に成長しました。

Data　北海道阿寒郡鶴居村字雪裡435番地
　　　 tel 0154-64-3088　http://raku2tsurui.jp

●創業年／2007年(チーズの製造開始年)　●工房の形態／レティエ　●工房の見学／可　●原料乳の獣種／牛(ホルスタイン種)　●チーズの購入方法／工房の直売所またはオンラインショップで購入可能　●工房の直売所／営 9～17時、無休(年末年始休、臨時休館日あり)

酪楽館のおいしいチーズ

鶴居マイルドラベル

556円（100g） 非加熱圧搾

ホールサイズ L25 × W25 × H7cm（やや薄い立方体）、約4kg 原料乳 牛（ホルスタイン種） 熟成 80日以上

鶴居村産の全乳（脱脂をしないミルク）を使った比較的熟成期間が短いセミハードタイプ。まさに名前の通りマイルドなミルクの甘さと嫌味のない風味。

●テイスティングコメント

「均一でしっとりとした生地。全体的に穏やかな香り」（吉安）「ホットミルクのような香りと優しい甘味、丸い酸味。雑味やクセがなく食べやすい」（柴本）

こんなふうに味わいたい

このままお茶請けやビールやワインのおともに。フルーツジャムを添えるのもおすすめ。

鶴居シルバーラベル

556円（100g） 非加熱圧搾

ホールサイズ L25 × W25 × H7cm（やや薄い立方体）、約4kg 原料乳 牛（ホルスタイン種） 熟成 80日以上

鶴居村産の脱脂乳を用い、表皮を丁寧に作りながら80日以上熟成させたセミハードチーズ。熟成で生まれるコクとミルク由来の甘味が絶妙なバランス。

●テイスティングコメント

「薄いビスケット状の外皮。熟成タイプらしい深い味わい。ボリュームもほどよく、食べ疲れしない強さ。完成度がかなり高い」（佐藤）

こんなふうに味わいたい

そのままでバランスの良さを堪能したい。辛口の白ワインや日本酒、またはコーヒーや紅茶と合わせて。

鶴居プレミアムゴールド　※不定期で販売

926円（100g） 非加熱圧搾

ホールサイズ ⌀40 × H10cm（円盤形）、約10kg 原料乳 牛（ホルスタイン種） 熟成 12カ月以上

工房で12カ月以上も手を掛けて熟成させたチーズ。熟成が長い分、うま味が増して余韻の長い、食べ応えのある味わいに。

●テイスティングコメント

「うま味が凝縮している。素直なおいしさ」（吉安）「味噌のような風味とナッツのようなコク。しっかりした食感でかめばかむほどうま味が出てくる」（柴本）

こんなふうに味わいたい

酒のおつまみとして。日本酒やウイスキー、樽の効いたシャルドネやメルロのワインと合わせたい。

鶴居村農畜産物加工施設 酪楽館　北海道鶴居村

チーズ工房紹介

グルメブームと酪農家たちの挑戦

　1980年代後半から1990年代、昭和から平成に切り替わる頃、都会で本格的なフレンチやイタリアンが流行ってきたのに比例して、ナチュラルチーズの需要はそれなりに伸びていきました。そして同じ時期に酪農業界では、飲用乳の消費が頭打ちになり始め、量産することで利益を得てきた、それまでの酪農のシステムには限界があることに酪農家が気付き始めました。そして飲用乳以外の乳製品加工に転換し、酪農業をなんとか存続させていくための模索が始まったのです。加工してすぐに製品になるヨーグルトやアイスクリームをはじめ、ナチュラルチーズ作りにチャレンジする酪農家が現れました。

　地方の行政において、乳製品の加工を後押しするような動きが出てきたのも同じ頃です。酪農が盛んで、特に良質なミルクを出すエリアでは、村おこしの一環として、市町村などの地方公共団体と民間が協力して運営する、いわゆる「第三セクター」という業態でのチーズ工房が各地で誕生しました。2000年前後には、北海道を中心に多くのチーズ工房が生まれたのです。

タンチョウが飛来する村

　こちらのチーズ工房も、第三セクター方式で運営をしている工房です。北海道の釧路湿原に隣接する鶴居村にある、「鶴居村振興公社　酪楽館」という施設内にあります。鶴居村はその名の通り「鶴が居る村」で、タンチョウの飛来地としても有名な場所です。

　この村の主な産業は、酪農と観光。「酪楽館」は2002年

に乳製品と食肉の加工体験施設として誕生しました。村のPRと村に住む人たちの福祉を目的としてスタートしたこの施設では、村のミルクを使った本格的なチーズ作りを体験できるのが売りです。その後2007年に加工体験事業と並行して、チーズ製造と販売事業を開始しました。

「鶴居村の良質なミルクを原料にした、地元の人たちが気軽に食べることができるチーズを」ということで開発されたチーズは、ゴーダに似たセミハードチーズです。当時のチーズ製造責任者であり、デンマークでチーズ製造の技術を学んだ片山晶(かたやまあきら)さんがレシピを開発しました。

　ラインナップは部分脱脂乳を使った熟成80日以上の「鶴居シルバーラベル」と、熟成6カ月以上の「鶴居ゴールドラベル」、全乳（脱脂しない生乳）で作る熟成80日以上の「鶴居マイルドラベル」などを中心に全6種類あります。

確かな品質の"おらが村の自慢のチーズ"

「鶴居シリーズ」を開発し、商品として販売を開始してすぐの2007年、国産チーズコンテストである「第6回 ALL JAPAN ナチュラルチーズコンテスト」で入賞。続く第7〜11回においても毎回入賞を果たし、全国区のチーズ工房となりました。安定した品質はチーズの専門家にも認められ、全国のファンが付きました。

　とはいえ、一番のファンは地元の鶴居村の人たち。「おらが村の自慢のチーズ」として村外の親戚や友人への贈り物として利用されているそうです。そのため、お中元、お歳暮の時期にはチーズの増産をするほど。製造するチーズの約9割が北海道内で販売されていると聞き、驚きました。

　片山さんは2013年に引退し、後を引き継いだ後輩の小山田愛(おやまだめぐみ)さんが、そのレシピを守って鶴居のチーズを作り続けてい

鶴居村農畜産物加工施設 酪楽館 ● 北海道鶴居村

ます。彼女が目指しているチーズも、工房の出発時と変わらず「地元の食卓にのぼる、村民に食べてもらう日常的なチーズ」だそう。

　また地元のみならず、全国からの注文にも応じるべく、増産を行っているそうです。鶴居のチーズのファンが、さらに広がる日も近いようです。

工房からのメッセージ　のびのび育った牛たちからもらったミルクのおいしさを届けられるよう丁寧に作りました。ぜひ一度、鶴居村に足を運んでいただいて自然を感じながらチーズを味わってもらえたら嬉しいです。（小山田愛さん）

(P34、38、39 写真提供：鶴居村農畜産物加工施設 酪楽館）

チーズ工房の外観

鶴居村はタンチョウの
飛来地として知られる

製造を担当する小山田愛さん。
熟成中は定期的に表皮の状態を
確認しながらチーズを反転させる

鶴居村農畜産物加工施設 酪楽館 ● 北海道鶴居村

北海道・新得町

日本チーズのフロントランナー

共働学舎新得農場
きょうどうがくしゃしんとくのうじょう

まさに日本のナチュラルチーズの先頭をひた走る工房です。良質なミルクを生み出す酪農と確かな技術で、海外のチーズのコピーを超えた日本ならではのオリジナルチーズをおよそ30年の歳月をかけて作り上げました。

Data　北海道上川郡新得町字新得 9-1
　　　tel 0156-69-5600　http://www.kyodogakusha.org

●創業年／1978 年　●工房の形態／フェルミエ　●工房の見学／一般見学不可　●原料乳の獣種／牛（ブラウンスイス種）　●チーズの購入方法／農場内店舗、オンラインショップ、電話、FAX で注文可能。または小売店で　●工房の直売所／営 10 〜 17 時（12 〜 3 月は〜 16 時）、4 〜 11 月は無休、12 〜 3 月は日曜休

共働学舎新得農場の おいしいチーズ

こんなふうに味わいたい

スパークリングワインと合わせたい。ココットに入れてグリルで軽く焼き、黒コショウを掛けても美味。

プチ・プレジール

500円(90g) ※直売価格　[酸凝固]
[ホールサイズ] ø7 × H3cm（円盤形）、90g
[原料乳] 牛（ブラウンスイス種）　[熟成] 約10日

ミルクを乳酸菌で固めて作る酸凝固タイプ。酵母菌などを使って熟成させている。乳酸由来の酸味とどことなく和を感じさせる発酵食品の風味がある。桜の時期に限定販売される大人気商品「さくら」（P49）はこのチーズをベースにしている。

● テイスティングコメント

「うっすらと白い酵母がおおった表皮。ほどけるような口溶けが心地よい」（佐藤）「ほのかな酸のある香りがおいしい、美しいチーズ。口溶け良く柔らかな味わいなのに、しっかりコクがあり後味も良い」（吉安）「ほのかな甘味、酸味がある優しい味わいながら、緻密な組織で、ねっとりとして濃厚な印象」（柴本）

こんなふうに味わいたい

コクのある白ワインやほんのり樽の香りのする赤ワインと合わせたい。あるいは日本酒と一緒に。

レラ・ヘ・ミンタル

500円(100g) ※直売価格　[加熱圧搾]
[ホールサイズ] ø60 ×H10cm（円盤形）、35〜40kg
[原料乳] 牛（ブラウンスイス種）
[熟成] 5カ月以上10カ月未満

ホールサイズが約40kgの大型ハードチーズ。そのまま食べたり、料理に使ったりと汎用性が広い。同じ製法で夏季放牧のミルクで作り、約1年熟成させるチーズ「シントコ」もある。

● テイスティングコメント

「たまご色のしなやかな組織。香ばしいナッツの香り。奥行きとボリュームのある、うま味のある味わい」（佐藤）「ハードタイプのチーズ特有のほのかな苦味を感じるが、それが味の複雑さを増している。食べやすいけれど奥が深い」（吉安）「うま味がほどよくバランスが絶妙。ついついとまらなくなるクセになる味」（柴本）

共働学舎新得農場 ● 北海道新得町

こんなふうに味わいたい
蜂蜜やジャムを添えてデザートや朝食に。または季節のフルーツと一緒にさっぱりと。

フロマージュ・フレ　※5月中旬〜10月下旬に販売
180円（100g）　※直売価格　[フレッシュ]
[ホールサイズ] 100g
[原料乳] 牛（ブラウンスイス種）　[熟成] なし

ミルクに乳酸菌と酵素を加えて固めたものをフェッセルという小さな水切り籠のようなものに汲み取っただけのシンプルなフレッシュチーズ。

● テイスティングコメント
「みずみずしい食感でのど越しがとても良い。爽やかな酸味とホエイの香り。淡泊ななかにもミルクの風味が生きていてナチュラルなおいしさが前面に出ている」（佐藤）

こんなふうに味わいたい
日本酒と一緒に。チーズのたくあんや漬物のようなニュアンスが日本酒とよく合う。

笹ゆき
1300円（250g）　※直売価格　[白カビ]
[ホールサイズ] ∅11×H3cm（円盤形）、250g
[原料乳] 牛（ブラウンスイス種）　[熟成] 約21〜30日

本場フランスのカマンベールと同サイズにこだわった白カビチーズに笹の粉末入りの塩をまぶし、さらに笹の葉を巻いて仕上げた「和風カマンベール」。

● テイスティングコメント
「白カビ特有のマッシュルームのような香りや漬物に似た発酵の香りがあり、カマンベールタイプの特徴と味わいがよく出ている。笹の葉もほのかに香る」（吉安）

こんなふうに味わいたい
フライパンなどでトロトロに加熱してパンやゆでた野菜に掛けて。定番ながら一番おいしい食べ方。

ラクレット
450円（100g）　※直売価格　[非加熱圧搾]
[ホールサイズ] ∅30×H7cm（円盤形）、約5kg
[原料乳] 牛（ブラウンスイス種）　[熟成] 約3カ月

部分脱脂したミルクでチーズを作り、塩水で表面を洗いながら熟成。ラクレットはヨーロッパのものを手本に、日本ではこの工房が最初に製造を始めた。

● テイスティングコメント
「ピーナッツのようなナッツの風味。口溶けが良く、このまま食べても十分おいしいが、加熱すると一層チーズらしさが増し、いくらでも食べられるおいしさ」（佐藤）

チーズ工房紹介

100ℓの小さな工房が始まり

　今や国産ナチュラルチーズファンでは知らない人はいないというほど、知名度が高い「共働学舎新得農場」。1978（昭和53）年に北海道の十勝平野、大雪山系の麓に位置する新得町に誕生しました。名前に「共働（共に働く）」とあるのは、社会では何らかの理由で自立しにくい人たちが集まって、彼らのできる仕事を彼らのペースで行うことにより、自活をしていくコミュニティであるということからです。

　代表である宮嶋望氏は、共働学舎を開く以前に4年間、アメリカで酪農とチーズ作りを学びました。ところが、そこで体験した農業スタイルは、機械化された大規模で量産型の集約型農業でした。それに疑問と抵抗を感じたことから、宮嶋さんはこのコミュニティで「手仕事を中心にした効率を求めすぎない農業」を実践する道を選びました。そして1984（昭和59）年に、牛を飼いチーズを作る、いわゆる「農家製の手作りチーズ」の製造を開始しました。最初はたった100ℓのバット（ミルクを入れてチーズを作る容器）の小さな工房からのスタートだったそうです。

　1989年、宮嶋さんは十勝の海外農業地域視察事業で、ヨーロッパに派遣される機会を得ました。そしてフランス・アルザス地方を訪れたとき、当時のA.O.C.（原産地呼称統制）会長のジャン・ユベール氏と出会います。そこでユベール氏から、ヨーロッパの「A.O.C.制度」（1996年以降は「A.O.P.（原産地名称保護）制度」に移行）というものは、工業的に大量生産される均一化された味わいの製品とは対極にあること。法的に限られた地域で、伝統的な製法を用いて

共働学舎新得農場　●　北海道新得町

作ることを定めていること。土地独自の特殊性が製品に備わることにより、地方の産業や小さな工房を守っていく制度であることを聞きます。まさに、宮嶋さんがアメリカで感じていた「機械化の弊害」を抱えている大規模酪農とは違い、彼のコミュニティが進むべき方向だと確信しました。そして「十勝でヨーロッパスタイルの高品質なチーズを作りたい」という思いがさらに強くなったそうです。

ミルクを運ぶな

　宮嶋さんの「高品質なチーズを作りたい」という熱意に応えるべく、ユベール氏は1990年「ナチュラルチーズ・サミット in 十勝」[*]の開催に合わせて初来日しました。その講演会の際に立ち寄った共働学舎のチーズ工房を見てユベール氏はひと言、
「ここで高品質なチーズを作るのか？」
と質問をしたそうです。その言葉の裏には、「良いチーズを生み出せるかどうかは、原料となるミルクの質の高さにかかっている。この環境では難しい」という意味がありました。そして、
「ミルクを運ぶな」と言ったそうです。
　搾乳したミルクは、輸送をする際の衝撃や温度の上昇などで傷みやすくなります。ポンプを通すときなどに受ける物理的、電気的なショックも乳質にダメージを与えてしまいます。傷んだミルクは雑菌が発生しやすかったり、タンパク質などが変質してしまったりするので、高品質なチーズを生むことができないのです。

[*]ナチュラルチーズ・サミット in 十勝：
十勝のナチュラルチーズ工房を対象とした勉強会やシンポジウムを毎年開催。第3回からナチュラルチーズ工房で立ち上げた「十勝ナチュラルチーズ振興会」が主催となる。ちなみに第1回は十勝国際交流振興協議会の企画で開催された。

高品質なチーズ作りへのチャレンジ

　ユベール氏の指摘を受け、宮嶋さんは新しいチーズ工房を建設することを決心しました。翌年に完成した工房は「質の高いチーズを作るために、できるだけ良質のミルクを搾り、それを傷めずに加工する工夫」を随所に配しています。例えば、牛舎は広い囲いの中で牛が自由に動き回れる解放式牛舎（ルーズバーン）にして、機械を入れずスタッフの手で糞や尿などを丁寧に清掃し、床は発酵床にして、さらに床下に木炭を敷くことにより腐敗菌の活性を抑えてにおいがほとんどない清潔な環境を作りました。実際に訪れると分かりますが、いわゆる牛舎臭などとよばれる不快なにおいもほとんどなく、ハエもわいていません。

　また日本における乳利用は飲用乳中心なので、広域からの集乳、消費地までの流通など乳の衛生面を考慮して、乳製品には殺菌乳を使用するのが当たり前となっています。しかし微生物などの力を借りて熟成をさせるチーズには殺菌乳が必ずしもベストではないことから、共働学舎で作るいくつかの熟成タイプのチーズには、チーズ製造において一般的な乳の殺菌方法であるパスチャリゼーション（63度30分あるいは72度15秒の加熱殺菌）を用いず、70度1分の低温加熱処理乳を使用し、できるだけ熱変性による乳質の低下を防いでいます。

　このように、これまで日本にはなかったヨーロッパでは当たり前のチーズ作りの常識を、次々と実践していきました。

ほかにはない、唯一無二のチーズを

　高品質なチーズを作るためには、質にこだわったミルクを生産するということ、そして何よりもチーズを作る技術を磨くということが必須です。日本にお手本となる優れたナチュラル

チーズがない時代（というより、まだ本物のチーズがどういうものなのか作り手ですら分かっていない時代）でしたので、まずはヨーロッパのチーズをまねることから始めました。

　宮嶋さんのモットーは「コピーも完璧にできない技術でオリジナルはできない」ということ。技術向上を図るため、毎年海外から技術者を招聘し、十勝のチーズの作り手に向けた勉強会を開きました。フランスやスイスとは環境も牛の種類も違いますから、招聘された技術者は勝手の違うミルクに四苦八苦しながらも、本場のチーズ作りを教えてくれたそうです。

石造りの熟成庫で静かに
熟成されているラクレット

完璧なコピーができるようになったかどうかは別として、1998年に「ラクレット」（P42）で、「第1回 ALL JAPAN ナチュラルチーズコンテスト」の最高賞を受賞します。この頃から、日本のナチュラルチーズのフロントランナー的な存在となったのです。

　さらに共働学舎は他のチーズ工房では作っていないような本格的な風味を持つ白カビチーズを作るまでになります。本場のカマンベールに見た目もそっくりな「雪」という白カビチーズを携え、フランスのユベール氏に会いに行きました。出来上がったチーズを見てユベール氏は「エクセレント」という言葉とともに「いつまでコピーを作っているのか」と投げかけてきました。先を読んでいた宮嶋さんが即座に「笹ゆき」（P42）という笹の葉をあしらったオリジナルの白カビチーズを差し出したところ、ユベール氏は大変驚いたそうです。

　そして2000年代に入るとキーワードが「コピー」から「オリジナル」へと変わります。「ほかにはない、唯一無二のチーズ」として開発されたのが、土地の個性や日本を表現した「さくら」（P49）というチーズです。このチーズは、2004年に国際コンテストで金賞、さらに最高賞のグランプリを獲得。桜の季節限定の製造ということもあり、ナチュラルチーズファンの間では、すっかり知られた存在となっています。そのほかにも、日本酒の酵母を加えて発酵させ、日本酒でウォッシュした「酒蔵」（P49）など、日本ならではの個性を持ち、なおかつ高品質なチーズを作り出しています。

「十勝のオリジナルチーズ」のGI認定を目指す

　2015年6月に農林水産省は「地理的表示保護制度（GI）」をスタートさせました。この制度は、風土や伝統が育んだ特徴ある地域産品を保護することが目的で、ヨーロッパの原産

地名称保護（A.O.P.）に限りなく近い制度です。限られた地域ならではの農産物を認証することによって、画一的な大量生産品とは違う価値を付与することになり、地域の産業、そして小さな作り手を守ることができるのです。

　今、十勝のチーズ工房数軒が共通のレシピでチーズを作り、共同熟成庫で熟成させたチーズを「十勝のオリジナルチーズ」としてGI認定を目指しています（P74）。このような先進的な取り組みは、早い時期から勉強会を定期的に開催し、高品質なチーズの製造を切磋琢磨してきた工房が集中する十勝地域だからこそ、そして常にフロントランナーとして走り続ける宮嶋さん率いる共働学舎があるからこそ取り組めることなのです。

　国産ナチュラルチーズの世界を作ってきたといっても過言ではない共働学舎。単にチーズの製造販売にとどまらず、業界全体にこれまでの経験を惜しげもなく提供し、そして常に業界を巻き込んだ先進的な活動を続けています。日本のチーズ業界だけでなく、これからはアジアのチーズ業界を引っ張っていく存在となるかもしれません。

工房からのメッセージ
2004年に第3回「山のチーズオリンピック」（スイス）でグランプリと金賞を受賞。その後もいくつかの賞をいただき、世界に向けて日本の食文化に根差したチーズを印象付けることができました。（宮嶋望さん）

(P40、46、49 写真提供：共働学舎新得農場／P40 、P49「酒蔵」撮影：エンドゥ・トロワ氏、P49「さくら」撮影：露口啓二氏)

桜の葉と花をあしらった「さくら」（650円 ※直売価格）は、この工房のフラッグシップチーズ。2015年の「Mondial du Fromage (P13)」で金賞、2018年の「Japan Cheese Award」で金賞を受賞。

日本酒の酵母を使い、そして日本酒で洗う本格的なウォッシュチーズの「酒蔵」（1800円 ※直売価格）。2018年の「Japan Cheese Award」で金賞と部門賞を受賞。

共働学舎新得農場 ● 北海道新得町

北海道・清水町

大きな庭園に建つ小さな山羊のチーズ工房

十勝千年の森（ランラン・ファーム）

山羊の牧場を経営し、山羊乳製チーズを専門に作る工房として、日本では草分け的な存在です。山羊乳のソフトタイプ、牛乳との混乳で作るセミハードタイプ、モッツァレラなどラインナップはバラエティに富んでいます。

Data　北海道上川郡清水町字羽帯南10線
　　　tel 0156-63-3000　http://www.tmf.jp

●創業年／2001年　●工房の形態／山羊乳製チーズのフェルミエ（牛乳は購入）　●工房の見学／不可　●原料乳の獣種／山羊（日本ザーネン種）、牛（ホルスタイン種）　●チーズの購入方法／工房の直売所、オンラインショップで購入可　●工房の直売所／営 11時～16時30分、無休（4月下旬～10月上旬のみ営業、冬期間休業）

ランラン・ファームのおいしいチーズ

こんなふうに味わいたい
蜂蜜やジャム、コンポートを添えて、白ワインや軽めのマスカットベーリーAのワインとともに。

牛鐘（カウベル）
600円（90g） 酸凝固
ホールサイズ ∅ 7.5 × H2.5cm（ドーナツ形）、約100g
原料乳 牛（ホルスタイン種） 熟成 約10日

近隣農家の牛のミルクから作るユニークな形の酸凝固タイプのチーズ。徐々に水分を抜きながら熟成を進めると、うま味が増してコクが出てくる。

●テイスティングコメント
「黒い炭にまだらに白く酵母が出ている表皮。中身は真っ白で目の覚めるような美しさ。ヨーグルトのような酸とミルクの甘味、優しいうま味」（柴本）

こんなふうに味わいたい
そのままでバゲットにのせて。または角切りにしてオリーブオイルとハーブに数日漬け込んでおつまみに。

十勝シェーブル・炭 ※5～10月に販売
1000円（100g） 酸凝固
ホールサイズ ∅ 7.5 × H2.5cm（円盤形）、100g
原料乳 山羊（日本ザーネン種） 熟成 約10日

自社で飼育する山羊のミルクで作るフラッグシップともいえるチーズ。木炭粉をまぶした表面に熟成過程で白い酵母が生えることで味が作られていく。

●テイスティングコメント
「山羊のミルクの優しい甘味とコクがある。熟成が若めでフレッシュな印象」（佐藤）「真っ白で均一なきめ細かい生地。塩味がとがっておらずマイルド」（吉安）

こんなふうに味わいたい
薄くスライスしてサンドイッチやトーストに。またはハムやサラミなど肉系のピザに。

はおび
600円（100g） 非加熱圧搾
ホールサイズ ∅ 18 × H7cm（円盤形）、1.7kg
原料乳 牛（ホルスタイン種） 熟成 6カ月以上

名前は工房がある地名「羽帯」に由来。近隣農家の牛のミルクに植え継いだ乳酸菌などを使用して、土地の味（テロワール）を表現しようと試みている。

●テイスティングコメント
「クリーム色のしっとりと柔らかな組織。穏やかで優しい味」（佐藤）「フルーティな香りと爽やかな酸。甘味と優しいうま味、余韻にかすかな苦味」（柴本）

十勝千年の森（ランラン・ファーム）● 北海道清水町

チーズ工房紹介

北海道ガーデン街道にある工房

　梅雨のない北海道は、初夏から紅葉の時期まで、その大自然を満喫するために訪れる人が絶えません。ここ最近では、「北海道ガーデン街道」と名付けられた大雪から旭川、富良野、十勝へと続く観光コースが人気です。

　約250kmの街道には、草花を配したいわゆる「庭園」から、木や草の植生などをデザインし小川や湿地なども配して造り上げた「森林」、遠景の山並みも取り入れて土地の起伏や人の動きをも景色の一部と計算して造られた「景観や風景」など、さまざまな広い意味での「ガーデン（庭）」が点在しています。なかでもイギリスの著名なガーデンデザイナーが手掛け、広大な敷地にコンセプトのある複数の庭を持つ施設として人気なのが、「十勝千年の森」（農業生産法人ランラン・ファームが運営）です。

　場所は帯広市から西へ30kmほどにある清水町。2000年に、日高山脈の山麓に広がる400haの土地に、その前身となる森林公園と付属のレストランがオープンしたのが始まりです。自然林を生かした公園は、森林を再生させる環境保全を目的としています。そして自然な形で動植物を育むという理想のもと、循環型の営みを作ろうと、下草を食べる山羊が森に放たれました。

　その当時、山羊は食肉用に利用されていたそうですが（沖縄での需要があったそうです）、のちに乳利用へと変換すべくチーズ工房が建設されました。まだ国産の山羊乳のチーズは珍しい頃でしたが、当初から本格的なシェーヴルチーズを作り始めました。

ここでは、まるで「アルプスの少女ハイジ」のアニメの世界で描かれているような白い山羊たち（日本ザーネン種）が、青々と茂った草を無心に食（は）んでいます。広々としていて、からっと乾いた空気も感じられて、どこかヨーロッパの山の村にでもいるのかと錯覚してしまうような風景です。

山羊飼育係出身のチーズメーカー

　チーズ工房の責任者で、主席のチーズメーカーである斉藤真（さいとう まこと）さんは、畜産系の大学を卒業するのと同時に、山羊の飼育の補助員として2003年に就職しました。

　この工房は「山羊乳製チーズのフェルミエ」で、当時は主に、チーズ製造を担当する人、山羊の飼育を担当する人、そして山羊の飼育の補助を担当する（つまりチーズは作らない）斉藤さんの3人体制だったそうです。

　斉藤さんがチーズ製造を担当するようになったのは就職して7～8年経った頃から。「チーズ製造をしていた前任者が、結婚や異動などで工房を辞めていき、チーズを作らざるを得なくなったから」とその理由を話してくれました。

　チーズ製造を一からしっかり学んだ経験もなければ、教えてもらう機会もほとんどなかったため、最初はこれまで見てきたことを再現するところから始め、試行錯誤を繰り返しながら、ほぼ独自の方法で、斉藤さんなりのランラン・ファームのチーズレシピを作り上げたそうです。

　ランラン・ファームでは、近所の酪農家から牛乳を分けてもらって、モッツァレラなど山羊乳以外のチーズも作っています。また山羊乳と牛乳を混ぜたミルクで作るゴーダタイプのセミハード系のチーズなど、ほかの工房ではなかなか見かけないユニークなチーズも作っています。

　そして驚いたことに、これらのチーズも、実際に誰かに製法

十勝千年の森（ランラン・ファーム）● 北海道清水町

を教わることはせずに、すべて本などから収集したレシピに基づいて製造を始めたのだそうです。日頃からチーズを作っていた人ならば、レシピに記載されている通りに作れば、それなりのものは作れるかもしれません。しかし山羊の飼育担当で、ほとんどチーズ製造に携わった経験がない斉藤さんが、レシピだけでいろいろな種類のチーズを作り上げるまでには、さぞかし多くの試みや失敗を繰り返してきたことでしょう。

　斉藤さんの頭には、目指すチーズのイメージがあり、レシピには載っていないこともいろいろと試して、それに少しずつ近付けているのだそうです。まだまだ自身の思い描くイメージに達していないチーズもあり、日々挑戦しているとのこと。もともと何かを試すのが好きな性格だそうで、またいろいろなアイデアが浮かぶアイデアマンでもあります。

　斉藤さんのヒット作に、「牛鐘」(カウベル)（P51）というチーズがあります。シェーヴルチーズと同じ酸凝固製法（P19）で作る牛乳製のチーズです。キャッチーで人目を引くドーナツ形は、その見た目のユニークさもさることながら、真ん中に穴が空いていることで表面積が広くなり、水分の抜けや熟成の進み具合が若干早めに進むようで、酸味と熟成により生じるうま味が、ちょうど良いバランスに仕上がっています。このチーズは2015年の「第10回 ALL JAPAN ナチュラルチーズコンテスト」で審査員特別賞を獲得しました。

シェーヴルチーズのランラン・ファームの未来

　牛に比べると山羊の搾乳期間は短く、半年ほどしかミルクを供給できません。出産が始まり、ミルクをチーズに使えるようになるのは4月末頃から。その時を待っていたかのように（実際、日本各地のファンは今か今かと待っています）、ゴールデンウィーク以降にチーズの注文が殺到するため、初夏の

「十勝千年の森」の小径を抜けて、チーズ工房へ

十勝千年の森（ランフン・ファーム）● 北海道清水町

時期はシェーヴルチーズの製造と出荷に大忙しで、ほかのチーズの製造に手が回らないほど。

　さらに一般的に山羊乳は牛乳に比べて1頭当たりの搾乳量が少なく、結果、チーズの製造量が少ないことから、価格が高くなってしまいます。もともと食肉用で飼育していたランラン・ファームの山羊は、乳用として乳量が多く出るように改良された山羊に比べて、搾乳できるミルクの量がさらに少ないのです。そこで、農林水産省が推し進めている政策の「家畜改良増殖目標」が目指す、1頭当たりの年間搾乳量600kgに近付けていくべく、搾乳量が多い山羊への改良を進めていく努力をしているといいます。

　しかし斉藤さんいわく、この目標は、山羊の人工授精など生殖のコントロールや1頭ずつの個体管理など、専門知識を持つスタッフが必要で、また乳量が増えるだけでなく乳質も伴わなければならないため難しく、なかなか一朝一夕に達成できるようなものではないのだそうです。

　それでも「シェーヴルチーズのランラン・ファーム」として期待されているからには、なんとか品種改良を良い方に進めて搾乳量を増やし、今後はさらにチーズの種類を増やして、シェーヴルチーズの味わいの幅広さも伝えていきたいとのこと。とりわけ熟成タイプのチーズの製造を軌道に乗せることは、搾乳できない秋冬の季節でも、夏の間に作ったチーズを楽しんでもらえるので魅力的だといいます。

　十勝の、いや日本のシェーヴルチーズの工房といえば、必ず名前が挙がるランラン・ファーム。これからもさらなる変化と進化が期待できそうです。

> **工房からのメッセージ**
>
> 雄大な大地「十勝千年の森」の中で、山羊たちはのんびり生活しています。山羊を見に、ぜひ足をお運びください。また本格的なチーズ作り体験を2019年より検討中です。（斉藤真さん）

「十勝のペーター」といえば
この人、斉藤真さん

庭園という概念を超える、スケールの大きな「十勝千年の森」

十勝千年の森〈ランラン・ファーム〉● 北海道清水町

北海道・ニセコ町

世界的リゾートの上質なチーズ

ニセコチーズ工房

冬はスキー、夏はトレッキングと、訪れる人が多いリゾート地に商機を狙って開業した工房。地元だけでなく全国にファンがおり、フラッグシップの青カビチーズは、国内のコンテストで入賞の常連となっています。

Data　北海道虻田郡ニセコ町字曽我 263 番地 14
　　　tel 0136-44-2188　http://www.niseko-cheese.co.jp

●創業年／2005 年　●工房の形態／レティエ　●工房の見学／不可
●原料乳の獣種／牛（ホルスタイン種）　●チーズの購入方法／直売所、オンラインショップ、ニセコ道の駅、または小売店店頭　●工房の直売所／営 10 〜 16 時（時期により 17 時）、火・水・木曜休（火曜は時期により休み）

ニセコチーズ工房のおいしいチーズ

二世古 空【ku:】超熟

※一般販売は催事と直売のみ
972円（100g） [青カビ]

[ホールサイズ] ∅30 × H14cm（円盤形）、6kg
[原料乳] 牛（ホルスタイン種） [熟成] 4～6カ月

水分がやや少なめのセミハード状のチーズの内面に、青カビが細かく入っている。熟成はブルーチーズとしては長めの4～6カ月。力強さと繊細なうま味があり、コアなファンに支持されている。

● テイスティングコメント
「酒粕のような香り。青カビの風味は弱めで、塩味はしっかり付いている」（佐藤）「口の中でほろっと崩れ、ミルクの甘味がたっぷり。そこに青カビと塩気が加わって奥深い味わい」（吉安）「青カビの風味とナッツのような香り。うま味を感じる複雑でボリュームのある味わい。青カビのピリッとした刺激は穏やか」（柴本）

こんなふうに味わいたい
ホロホロとした生地を生かして、サラダのトッピングやパイシートに散らして焼いておつまみに。

二世古 雪花【sekka】
パパイヤ & パイナップル

1404円（150g） [フレッシュ]

[ホールサイズ] ∅8 × H3cm（円盤形）、150g
[原料乳] 牛（ホルスタイン種） [熟成] なし

洋酒に漬け込んだ角切りのドライパパイヤ、パイナップルを脂肪分の高いフレッシュチーズの表面にまぶしている。宝石のような華やかさを目と舌で楽しめる。2017年の「Mondial du Fromage（P13）」で銀賞を受賞。

● テイスティングコメント
「ドライフルーツの甘味がチーズにほんのり移っている。酸味はほとんどなくデザートのような味わい」（佐藤）「ドライフルーツの食感とクリーミーなチーズのバランスがとても良い」（吉安）「ドライフルーツの香りと甘味、クセのないチーズのすべてが調和した、完成されたスイーツ」（柴本）

こんなふうに味わいたい
そのままデザートとして。スパークリングワインや紅茶、コーヒーなどを合わせて。手土産にも喜ばれそう。

ニセコチーズ工房 ● 北海道ニセコ町

二世古 粉雪【konayuki】

994 円(90g)　[酸凝固]

[ホールサイズ] ∅7×H2cm（円盤形）、90g
[原料乳] 牛（ホルスタイン種）　[熟成] 1カ月

酸凝固のチーズは徐々に水分が抜けて締まるよう熟成させるものが多いが、こちらは水分を保持しトロトロに熟成させるタイプ（写真はまだ若いもの）。

● テイスティングコメント

「ふわっと口中に広がる酵母の香りが心地よく、マイルドな酸味が余韻に残る。もっと熟成が進むとトロトロになって、スプーンですくって楽しめる」（吉安）

[こんなふうに味わいたい]
そのままで、無ろ過で濁りのある甲州やデラウエアなどの白ワインや、オレンジワインと一緒に。

二世古 風音【kazene】

972 円(100g)　[ウォッシュ]

[ホールサイズ] ∅11×H2cm（円盤形）、200〜300g
[原料乳] 牛（ホルスタイン種）　[熟成] 1カ月

塩水でチーズを洗いながら1カ月熟成するウォッシュタイプ。表面に着くリネンス菌がチーズを柔らかく熟成させていき、ねっとりとした生地になる。

● テイスティングコメント

「熟成によりトロトロにとろけたチーズの食感と味わいが楽しめる。温めたミルクの香りとほのかにナッツのような風味。ミルク感が際立っている」（佐藤）

[こんなふうに味わいたい]
バゲットやクラッカーにのせたり、ブロッコリーなどのゆでた野菜に掛けたりして。

二世古 椛【momiji】

972 円(100g)　[非加熱圧搾]

[ホールサイズ] ∅17×H10cm（円柱形）、2.2kg
[原料乳] 牛（ホルスタイン種）　[熟成] 12カ月以上

天然の色素（アナトー）で着色したミルクを使用するため、きれいなオレンジ色をしている。2018年の「Japan Cheese Award」で金賞受賞。

● テイスティングコメント

「乾いた感じの食感だが、かみしめていくとミルクの甘さと質の良さが出てくる食べやすいチーズ。オレンジ色が鮮やかで美しく、テーブルの主役になりそう」（吉安）

[こんなふうに味わいたい]
きれいな色を生かして、薄くスライスしてチーズプレートや、削ってサラダに掛けるなど彩りとして。

チーズ工房紹介

流通のプロの視点からニセコに開業

　今やアジアにおける一大スキーリゾート地となった北海道のニセコ地区。2000年以降、オーストラリアやアジア諸国からのスキー客が多く訪れるようになりました。ホテルや飲食店は横文字の表示が主流となり、日本に居ながらにして、まるで海外にいるかのような雰囲気を持つこの地区に、2005年に「ニセコチーズ工房」が誕生しました。

　工房を立ち上げた近藤孝志さんは、もともと大手流通企業の会社員で、乳製品はおろか、ほかの食品製造に関わってきたという経歴もまったくありませんでした。しかし、主に食品部門を担当していたこともあって、50歳を過ぎた頃に「ものづくり、それも何か食べるものを手掛けたい」という理由で、チーズ作りを決心したそうです。50歳を過ぎてからの脱サラ、そして一からチーズの作り方を習得してチーズ工房を興すということに、家族は最初反対したそうですが、奥さんいわく、近藤さんは「こうと決めたら強い行動力でやり通す」性格だそう。さすがに流通のプロだけあって、会社を辞めてからしばらくは工房を開設する場所を慎重に選定し、需要がありそうな場所をさまざまなデータをもとに調べ、そうして「冬はスキー、夏はトレッキングと１年を通して観光客が安定して多い地域」のニセコエリアをその場所に決めました。

　そして国内とフランスでのチーズ研修を経て、工房立ち上げの時にはチーズ製造の指導者から教えを得ながら製造を開始。奥さんも工房に併設するチーズショップでの販売を行うなど、まさに二人三脚でスタートしました。

　オープン当初から、モッツァレラなどのパスタフィラータ系、

ニセコチーズ工房　●　北海道ニセコ町

ゴーダやミモレットなどのセミハード系、サンマルセランなどの酸凝固系と、8種類ものバラエティあるラインナップでスタートしました。脱サラしてチーズ工房を立ち上げたということが珍しかったので、多くのメディアに取り上げられ、開業当初から観光客などたくさんの人が訪れて、間もなく軌道に乗っていったそうです。

評判となるブルーチーズの誕生

それから4年後、札幌で別の仕事をしていた息子の裕志(ひろし)さんが会社を辞めて工房に入り、製造を手伝うようになりました。

初めは、脱サラして起業した父親のチーズ工房がうまく回るとは思っていなかったということと、父親と同様に裕志さんもチーズ製造の経験がなかったので、両親から手伝ってほしいとラブコールがあっても、仕事を辞めて工房を手伝うことには躊躇していたのだそうです。

しかし実際に工房に入り、それこそ一からチーズ作りを父親に教わっていくうちに、チーズ作りの面白さにみるみるはまっていったとのこと。今まで積極的には食べたことがなかったナチュラルチーズを、輸入、国産を問わず食べては研究し、半年も経つ頃には父親が作っているチーズのレシピを改善するために、自分なりの試行錯誤を始めていたそうです。

道内の若手のチーズ生産者たちが集まるチーズ製造研修会にも積極的に参加するようになり、高品質のチーズを作るべく、切磋琢磨する同年代の作り手仲間もできました。

裕志さんが工房に入り、親子ふたりでの製造体制が整ってほどなく、開業当初から作ってきたラインナップに加え、ブルーチーズを作ってみようということになりました。

裕志さん自身、チーズを食べ始めた頃はクセが強いチーズが好きでなかったという経験から、優しい味わいのブルーチー

ズを作りたいと考え、誕生したのが「二世古 空【ku:】」。ブルーチーズらしい刺激的な味わいがありつつも、穏やかな風味でバランスが取れた本格的なブルーチーズです。2013年の「ALL JAPAN ナチュラルチーズコンテスト」で優秀賞を取りました。そして翌年の2014年には、使う青カビの種類や製造法が違い、ブルーチーズの刺激的な味わいがさらに強く感じられる「二世古 空【ku:】超熟」（P59）を誕生させました。こちらは、飲食店をはじめコアなチーズファンに支持されています。

　この2種類のブルーチーズは、工房の人気商品となりました。しかし裕志さんはまだまだ改善の余地があると、日々試行錯誤を繰り返しています。青カビタイプのチーズを製造する工房が日本ではまだわずかなため、製造法について情報が少なく、自分で考えて改良をしていかなければならないとのこと。頭の中にある完成形のイメージに少しでも近付けるよう、工夫の毎日なのだそうです。

　彼の手掛けたチーズは「二世古 空【ku:】」のように漢字の名前にしています。約20年前、国産ナチュラルチーズの黎明期といえる頃には、海外の有名なチーズの名前をそのまま使っているものばかりだったことを思うと、今の若いチーズメーカーからは模倣ではなく、独自の思いやオリジナリティを加えたチーズ作りをしていきたいという意気込みが感じられます。

人気が広がりファンは全国規模に
　ニセコチーズ工房がオープンした頃の顧客は、大半がメディアの情報で工房のことを知って訪れる観光客だったそうですが、今は地元のレストランでの取り扱いが増えたこともあり、レストランでこのチーズ工房を知ったという人が増えたとのこと。東京でも定期的に扱っているショップが増加し、また

ニセコチーズ工房 ● 北海道ニセコ町

全国の百貨店での催事でも売り上げを伸ばしていて、気が付けば全国にニセコチーズ工房のファンがいる状態。裕志さんいわく「怖いくらいうまく回っている」状態だそうです。

　チーズの種類もさらに増やしており、ウォッシュタイプも商品化して販売しています。現在のチーズの種類は、すでに両手では数えられない数だそうです。このように上り調子の工房ですが、今後の展望は……？　という問いかけには、「新作を開発したい、今作っているチーズの完成度をさらに上げていきたい、生産量も、もっと増やしたい」とますますチーズ作りにのめり込みそうな勢いでした。

　ニセコチーズ工房、今かなり熱いチーズ工房のひとつだと確信しました。

工房からのメッセージ
王道からアレンジチーズまで、フレッシュから長期熟成まで、多くの種類を作っています。必ず好みのチーズに出会えると思いますので、ぜひ食べてみてください。（近藤裕志さん）

近藤裕志さんとお母さん

ブルーチーズの「二世古 空【ku:】」は遮光性のあるアルミ箔を巻いて熟成させる

熟成庫に整然と並べられたセミハードタイプのチーズ

ニセコチーズ工房 ● 北海道ニセコ町

> 北海道・七飯町

"ここにあるもの"だけで作るチーズ

山田農場 チーズ工房

「チーズとは、その土地を語る唯一無二の発酵食品である」という理念で、酪農とチーズ作りをしているチーズメーカーです。そこにしかない原料から、そこにしかないチーズを生み出します。

Data　北海道亀田郡七飯町上軍川900-1
　　　tel 0138-67-2133　http://yamadanoujou.blog.fc2.com

●創業年／2006年　●工房の形態／フェルミエ　●工房の見学／不可　●原料乳の獣種／山羊（日本ザーネン雑種）　●チーズの購入方法／直売所の店頭、メール、電話、FAXでの通信販売、または小売店店頭など　●工房の直売所／営 10～16時、3～12月は不定休（訪れるときは事前に必ず連絡を）、1～2月は冬季休業

山田農場 チーズ工房のおいしいチーズ

※日本ザーネン雑種

こんなふうに味わいたい
バゲットに塗っておつまみに。ご近所の函館のワイナリー「農楽蔵」のワインと合わせて。

Garo ※4〜11月頃に販売
800円(80g) [酸凝固]
[ホールサイズ] ø5×H5cm（円柱形）、80g以上
[原料乳] 山羊(日本ザーネン雑種)
[熟成] 2週間以上

山田農場では小ぶりのチーズをどれも「Garo（ガロ）」という名前で出荷している。ガロとは土地の言葉で「谷間で岩などがゴロゴロしている場所」という意味。土地の味を表現したチーズに、その土地の特徴を表す名前を付けている。

●テイスティングコメント
「酸はしっかりあるがミルクの風味が強く、ちょうど良いバランスに仕上がっている」(佐藤)「表面にポツポツと生えた自然の青カビがいいアクセント。若い熟成の柔らかいチーズ」(吉安)「甘味、うま味、酸味、コクのそれぞれがしっかり感じられる。ねっとりとした舌触り」(柴本)

こんなふうに味わいたい
そのままで味の強い蜂蜜を合わせて。ゆでたアスパラガスにほぐし掛けてオーブン焼きに。

Garo フレッシュ ※4〜11月頃販売
800円(130g) [フレッシュ]
[ホールサイズ] ø9×H2〜3cm（円盤形）、130g以上 [原料乳] 山羊(日本ザーネン雑種)
[熟成] 2日〜

円盤形に整えたフレッシュチーズ。熟成させないフレッシュタイプは、絞ったミルクの味がチーズにダイレクトに反映される。写真のチーズは羊と山羊のミルクのミックスだが、2018年現在は羊を飼育していないため山羊乳のみで作っている。

●テイスティングコメント
「淡い酸味、羊乳のふくよかさを感じるミルクのほのかな甘味。ふんわりとした組織」(佐藤)「酸味が爽やかなフレッシュタイプ。山羊と羊の混乳性なのに香りが穏やかで食べやすい」(吉安)「山羊ミルクの風味と羊のミルクのコク。フレッシュタイプとしてはしっかり味のあるチーズ」(柴本)

山田農場 チーズ工房 ● 北海道七飯町

チーズ工房紹介

自分の理想とするチーズ作りを追う

　ワイン愛好家の間では、ワインを語るときにしばしばフランス語の「テロワール（terroir）」という言葉が使われます。日本語にはぴったりと当てはまる言葉がないのですが、「土地」、「気候」、「風土」などを含む自然環境を総称するような言葉です。ワインの愛好家はテロワールが作り出す個々のワインの違いこそが、ワインの愉しみのひとつと考えています。

　7500年も歴史があるチーズも、ワインと同様に、本来テロワールが作り出す個性を持っている食品です。しかし一般的に大量に流通している製品は、その品質を安定させ、いつでもどれでも同じ味わいのものを提供しなければならないことから、培養され選別された酵母や菌類を添加して、画一的な味わいが守られるようにと条件を揃えて作られています。さらに日本では、戦後に普及したチーズが工場で作るプロセスチーズであったために、「チーズというものは、いつ食べても同じ味のするもの」と思っている人が大半です。

　北海道・函館市の隣町で大沼国定公園がある七飯町は、北海道では比較的温暖な地域。ここで10年前からチーズを作っているのが、山田農場の山田圭介さんです。

　今の工房を構える前は、北海道新得町にある「共働学舎新得農場」（P40）で、チーズ工房のチーフを長いこと任されていました。「ラクレット」や「さくら」など、共働学舎の代表的なチーズの開発や製品化に携わってきた、まさに国産ナチュラルチーズの発展にひと役かった作り手のひとりです。山田さんは共働学舎でチーフをしていた2003年に、その「さくら」を出品するため、ヨーロッパで開催された「山のチーズ

オリンピック」というコンクールに参加しました。山岳地帯の小規模な作り手のチーズが集まるこのコンクールで、山田さんは、「ここでは製造技術だけではなくて、それぞれの土地でどう動物を育て、どんなユニークなチーズを作っているかを競っているのだ」と強く感じたそうです。そのことがずっと模索していた自分のチーズ作りの理想だということに気付き、それを体現するために新たな土地を探し始めました。

そして2006年に七飯町に、かつては放牧地だった放棄地を見つけ、夫婦で移り住むことを決意します。笹と低木が生い茂り、雑木林化してしまった土地に、自分たちの住む家と家畜小屋を、廃材などを利用しながらすべて手造りで建て、ライフラインなども自分たちで集落から引いてくるという、まさにまったく何もないところから、土地を開拓して自給自足の生活を始めたそうです。

この土地に移ってきて3年後に、いよいよチーズ作りを開始。チーズ工房の建物も、もちろん手造りです。そしてその後に起きた東日本大震災後の原発問題などをきっかけに「エネルギーをなるべく使わない生活」を実践したいと考え、動力を使わずに一定の環境を保つことができる地下のチーズ熟成庫をスコップひとつで作ってしまいました。

ひとつの土地に唯一のチーズを求めて

山田さんは、この土地で、
「チーズというものが、ひとつの土地に唯一無二なる発酵食品であるということを、ちゃんと表現したい」
と言います。
「土地由来の原料乳で、土地固有の常在菌の力を借り、その土地の気温、湿度などに適した形状やテクスチャー（組織）に作るもの」がチーズなのです。

山田農場 チーズ工房 ● 北海道七飯町

そもそも「発酵食品」は目に見えない乳酸菌や酵母類、カビなどの微生物や酵素が働いて作り上げていく食品。季節や天気によって常在菌の種類が微妙に違うため、まったく同じ味わいの製品がいつでもできるということはあり得ません。そして、そのポリシーを貫くために、今の日本の酪農そしてチーズ作りの常識を覆すようなことをふたつ実現しました。

　ひとつ目は、チーズを発酵させる乳酸菌を自家培養するということ。

　もともとチーズは、その土地にある乳酸菌で発酵させて作られてきました（今の大半のチーズは培養された乳酸菌を使っています）。ヨーロッパの原産地呼称を持つチーズのいくつかは、今でもそのような方法を用いています。

　山田さんも搾った乳に自然に発生する乳酸菌を継ぎ足していき、自生乳酸菌としてチーズ作りに使用しています。これによって、自然に存在する乳酸菌以外の微生物も適度に添加されて、チーズの発酵をより複雑で密なものにしていくとのこと。味わいももちろんですが、日本酒でいうところの「速醸（そくじょう）」ではない、（例えるなら「生酛（きもと）」のような）発酵食品を作り出すことができるのです。日本のワイン造りの世界では、最近は自生酵母でアルコール発酵をさせる、自然派といわれる作り手が珍しくなくなってきました。しかしチーズの世界においては、チーズの作り手にもついに現れたか！　というくらい、実に画期的なことです。

　もうひとつは、無殺菌乳でチーズを作るということ。

　日本では乳等省令＊により、搾ったままの生乳（せいにゅう）を牛乳に加工する際には、安全性を担保するために加熱殺菌することが定められていますが、チーズに加工する際については、特に言及されていません。しかしほとんどが慣例として保健所が推

＊乳等省令：乳及び乳製品の成分規格等に関する省令

「Garo」(P67) を30日熟成させた「Garo 青」。環境中の微生物（カビなど）が熟成中に付いた状態。この土地ならではの微生物の影響でチーズの味が決まる。※定番商品ではなく、今後の製造も未定。

セミハードタイプの「Garo トム」。奇をてらわないシンプルな製法でありながら、自生する微生物の出す酵素によって複雑で豊かな風味が作り出されている。※定番商品ではなく、今後の製造も未定。

山田農場 チーズ工房 ● 北海道七飯町

奨する加熱殺菌をしています。生乳を殺菌すると土着の微生物が死滅してしまい、培養された発酵菌を添加せざるを得なくなります。こうした選別された菌や酵母を使うと、画一的な風味の無個性なチーズになってしまうと考える作り手のなかには、いつか無殺菌乳でチーズを作ってみたいと夢を描いている人が増えてきています。

その口火を切ったのが山田さん。衛生管理が行き届いた環境で、微生物検査をしっかりと行い、乳製品加工をするためにクリアしなければならない基準よりはるかに少ない生菌数の結果を積み重ねた上で、いく度となく保健所との交渉を繰り返し、ついに保健所も無殺菌乳でチーズを作ることを理解してくれるようになりました。今は検査の方法を一緒に考えるなど、よく話し合いながら、どうあるべきかをともに考えているといいます。この実績は国産のナチュラルチーズ作りにおいて、新しい価値を生み出すことになるかもしれません。

山田さんは、「北海道でヨーロッパと同じ味のチーズを作っても仕方がないし、そもそも作れるわけがない。ならば、ここでしか作れないチーズを作ろう」と考えています。そのために、土地に順応する家畜を飼い、土地に自生する草を食べさせ、土地由来のミネラル分を十分に含んだ乳で、自生の微生物の力を最大限に借りて、エネルギー消費を最小限にした自然のままの状態でもうまく発酵し熟成するチーズの製法の開発を、10年かけて試行錯誤してきました。今は「Garo（ガロ）」という山羊乳製のチーズを主に作っています。

こうした酪農、チーズ作りは極めて前世代的に感じられるかもしれませんが、チーズ文化がまだ発達途上の日本においては、その土地に合ったチーズ作りのやり方を見つけて次世代に伝えていくことが、これから先、何十年、何百年と日本の食文化にチーズが根付いていくための最も確実な方法なの

かもしれません。何といっても7500年前から人間の生活の中に脈々と続く文化なのですから、その根源的な部分をあらためて見直して意識することは、チーズという発酵食品の本質を伝えることになるでしょう。

工房からのメッセージ

山田農場では雪のない季節は山に放牧し、自生の草を中心に国産の大豆やお米を動物たちに与えています。手搾りし、生乳（殺菌しない乳）を使用します。土地に自生している乳酸菌をはじめとした微生物でチーズ作りをしています。季節によっていろんな香りが楽しめます。（山田圭介さん）

アヒルも山田農場のメンバー

山田圭介さん。工房にあるショップでは山田さんセレクトのワインも購入できる

山田農場 チーズ工房 ● 北海道七飯町

北海道・十勝

日本初の取り組み！　共同熟成庫

十勝品質事業協同組合

チーズ製造が盛んな十勝で、複数の工房が作るチーズを共同熟成庫で熟成させ、十勝のオリジナルチーズを作るプロジェクトが始まりました。国産チーズで初の地理的表示保護制度（GI）への登録を目指しています。

Data　十勝品質事業協同組合　http://tokachipride.jp/index.php

チーズ工房紹介

北海道、十勝といえば……？

「十勝」という地名を聞いて、何をイメージしますか？食べることが好きでチーズが大好きな私は、やはり一番初めに「乳製品のおいしい産地」ということが思い浮かびます。大手メーカーのチーズに「北海道十勝」を冠したブランドがあり、その印象も強いのですが、それだけではなく、大手のチーズ工場から中小規模のチーズ工房まで、どの地域より集中しているのは事実なのです。調べてみると、なんと日本のナチュラルチーズの約7割が十勝エリアで製造されているとのこと！

この十勝で大手乳業メーカーが本格的にナチュラルチーズ（プロセスチーズの原料として）の製造を始めたのは、1957（昭和32）年。十勝平野の南に位置する大樹町で、雪印乳業（現 雪印メグミルク）の大樹工場が操業を開始します。その後、昭和50年代に入ると、小規模のチーズ工房が少しずつ誕生し、平成に入ってからは、その数がどんどん増加していきます。本書でも紹介している「共働学舎新得農場」（P40）が誕生したのは、1978（昭和53）年。そして同社代表の宮嶋氏が1990年から小規模な工房を対象に、海外の技術者を招聘して開催している勉強会の成果もあり、高品質なチーズ作りに意欲的なチーズメーカーが育ち、また切磋琢磨していく土壌が、この地域に育まれていると考えられます。

そして、チーズ製造において先進的な地域である十勝で、日本では今までになかった取り組みが始まっています。

十勝品質事業協同組合 ● 北海道十勝

十勝ブランドの模索

　十勝には、乳製品だけでなく、ジャガイモ、小麦、小豆などの農産物、牛肉や畜産品など、さまざまな名産品がありますが、それらを「北海道産」という大きなくくりではなく、「十勝」の名前でブランド化することによって、より地域の農業基盤を強くしていこうという動きがあります。2012年に立ち上がった「十勝品質の会」は、十勝の乳業メーカー、食品加工業者、農家など、50もの生産団体が集まった任意団体で、「民間の力で十勝ブランドを発信していこう」という試みを続けています。

　同会の結成は、折しも農林水産省が地理的表示保護制度（GI）の導入に取り組みだした時期と重なります。ブランド化の推進には、国のお墨付きの認証マークがあるとさらに効果的であることから、積極的にGIについての勉強会などを行い、将来的には十勝の産品でGIの登録を目指していこう、ということになりました。

複数の工房が集まってできること

　そうしたなか、2012年に十勝の9つのチーズ工房が、ミルクの産地、製法、規格など、同じ規定に従ってチーズを作るという日本で初めての試みを始めます。その共通チーズは「とかちふれっしゅ」という、フレッシュタイプのチーズでした。これは前述の勉強会で、フランスから招聘された指導者の「十勝でもヨーロッパのように、原産地名称保護（A.O.P.）を意識したチーズを作ってはどうか？」という提案から生まれたものでした。この試みでは、複数の小規模な工房が同じチーズを作ることによって、製品を安定的に供給できることや、地域の特産品としてブランド力を増すことが期待されましたが、思ったほどの効果を上げることができませんでした。

　そこで作り手たちからは、誰もがチーズの味やにおいを連想できるようなインパクトのあるチーズがいいのではないか？　日本で人気の兆しがある「ラクレット」を、次の共通チーズとしてはどうか？　という案が立ち上がってきました。国のGI制度のスタートが正式に決定するより2年早い2013年には、「十勝品質の会」でも、いよいよ十勝の産品のブランド化を強力に推し進めていく体制が整いました。数ある十勝の名産品の中から、どの品目でGI登録を目指すかということが話し合われ、すでに共通チーズを作った実績のあるチーズで、登録を目指していこうということが決まります。

　「十勝品質の会」の中に、「地理的表示保護制度の検討委員会」が発足し、「長野県原産地呼称管理制度」の立ち上げから関わっているワイン関係者、ナチュラルチーズ工房の製造事情に精通しているチーズ関係者など4人が外部委員として招かれました。そして実際に十勝で1990年代から製造されてきた「ラクレット」でGI登録を目指すことが決まり、委員会では、

「十勝のチーズとしての特長をどう表現するか」
「品質を揃えるためにはどうしていけばよいか」
「将来的に販路はどのように開拓していくか」
などが検討されていきました。そうした話し合いをもとに、チーズの生産現場では、作り手たちによってチーズ製造仕様書が作成されました。

　このチーズの仕様書には、十勝管内で飼育されている乳牛のミルクを使うことや、熟成させるときに十勝川温泉の温泉水を使ってチーズの表面を磨くなど、ほかの地域では作ることができない、この土地独自の原料と手法を用いることが記されています。十勝川温泉は、植物の堆積層（モール）を通って地下水脈へ達した雨水などが湧き出ているアルカリ性の泉質で、美肌の湯としても人気があります。この温泉水でチーズの表面を磨くことにより、穏やかですが、独特の風味を与えることができるそうです。こうしたことから、この共通チーズには「十勝モールウォッシュ」という仮名が付けられました。

共同熟成庫
　さらに協議を重ねていくなかで、工房で作ったチーズを集めて熟成をさせる「共同熟成庫」の構想が浮上しました。ラクレットはチーズの製造技術に加え、熟成をさせる技術も必要となります。熟成士の力量や熟成庫内の環境もチーズの出来栄えに大きく影響してきます。しかし、熟成の工程は手間が掛かるため、小規模なチーズ工房にとっては労働力不足が問題となり、また熟成庫の設備投資が大きな負担となります。実際、ヨーロッパのチーズの生産現場では、伝統的に酪農、チーズ製造、熟成と分業制となっているところが多くあります。共同熟成庫があれば、小規模な工房でも負担なくチーズ製造ができるメリットもありますし、これからチーズを作ってみ

たいという新規の工房も参入しやすくなります。熟成業者が出荷や販売を担うことから、ひとつのチーズ工房で行うより、販売力やブランド力が増します。そして作り手が増えれば、チーズの安定供給も可能となるのです。

　日本初の共通熟成庫の構想を事業化するため、任意団体の「十勝品質の会」は、2015年5月に、共通チーズ（仮称／十勝モールウォッシュ）の製造、熟成、流通に関わる業者と個人が共同で出資して作る「十勝品質事業協同組合」となりました。そして早速、熟成庫の建設用地の選定、設計図などの準備に取り掛かりました。それから約2年後の2017年1月に熟成庫は完成し、同年2月には複数の工房のチーズが入庫し、熟成が始まりました。

試行錯誤の専門熟成士

　共同熟成庫は年間2万個のチーズを熟成させる容量があります。十勝エリアの6つの工房（あしょろチーズ工房、共働学舎新得農場、しあわせチーズ工房、十勝千年の森 ランラン・ファーム、十勝野フロマージュ、NEEDS ※五十音順）から製造4日以内のチーズが持ち込まれ、専任の熟成士3名が、十勝川温泉の温泉水でひとつひとつ磨いていきます。そして2カ月半以上の熟成を経て出荷されます。

　熟成士は、もともと共働学舎新得農場のチーズ製造のチーフだった寺尾智也（てらおともや）さんと新人熟成士の田村佳生（たむらよしお）さん、柳平孝二（やなぎだいらこうじ）さん。寺尾さんは、このプロジェクトを成功させるには、製造現場の人間が連携を取って推し進めていくべきだ、そうでなければ「絵に描いた餅」となって計画倒れになってしまうという危機感を持っていたとのこと。そこで、共同熟成庫が完成する前の2016年夏頃、帯広市内の飲食店の店舗内に作った小さな熟成庫で熟成の試運転を始める際に、熟成担

当者として携わりたい、と手を挙げたそうです。そして試運転用に届くチーズの熟成を繰り返しながら、共同熟成庫の本格稼働に備えていました。その甲斐があり、この数カ月間で感じた、工房ごとのチーズの違いやそれぞれの的確な熟成方法などを、新しい熟成庫で迎えたふたりの新人熟成士へ伝えることができました。

　同じ十勝エリアとはいえ、牛の品種や食べさせる餌などの違いからミルクの成分には違いが生じます。そうした原料乳の違いから、同じ仕様書に沿って作るチーズでも、それぞれに個性があるそうです。また同じ作り手であっても、作る季節やその日の天候によって、ひとつとして同じものはできないため、通り一遍の熟成法では、なかなかうまくいかないといいます。「ひとつずつチーズを見極めて手入れをしていくには、まだまだ多くの試行錯誤を経ないとなりません」と寺尾さんは話してくれました。

　2017年5月末に訪ねたときには、熟成庫内はまだ容量の5分の1程度しか埋まっていませんでしたが、これから徐々に入庫させて、数をこなしていかなければなりません。さらにまだ、春から夏へ、夏から秋へと季節の変わり目の熟成庫内の変化など、未体験のことばかり。日々ひとつひとつのチーズの表情を見て、アナログに向き合っていかなければとのこと。まだまだ慣れないことばかりです。将来的には、ある程度のマニュアル化も必要とは思っているそうですが、まだ今は、そのためのデータ作りの段階なのだそうです。

　新人の田村さんも「さまざまな酪農場のミルクから作られたグリーンチーズ（熟成されていない出来立てのチーズ）を受け入れ、検品する仕事をしているのは日本で私だけでしょう。季節が変わり6月製のチーズはどこの酪農場のものも本当に黄色い」（Facebookより一部引用）と、チーズに触れること

で季節を知る感動をSNSに投稿しています。

　立ち上がったばかりの事業のなかで、日本では初めての共同熟成庫の専任熟成士たちは日々チーズに向き合っています。入荷されるチーズで季節を感じ、毎日チーズの表情を見て、今日はどうケアをしようかと考え、数カ月間、丹精を込めて、チーズを最高においしく仕上げていくのです。こういう営みを見るにつけ、ナチュラルチーズは農産物であって、決して工業製品ではないなぁと感じます。

　このチーズの正式名称は、「十勝ラクレット モールウォッシュ」に決まったそうです。今、日本のチーズとしては第1号となるGI登録をするべく申請中です。

　一日も早く、登録の知らせがあることを願っています。

**組合からの
メッセージ**

食料自給率1200％を超える日本の食料生産基地である十勝において、生乳生産は十勝農業の基幹的農業のひとつであり、酪農家だけではなく地域の多くの人々が携わっています。私たちはこの共同熟成庫を"Farm to Fork"の最終出口であると捉え、十勝の総力を結集した製品が食べた方の笑顔に繋がるよう、食品安全の確保と品質向上に取り組んでいます。（十勝品質事業協同組合）

2017年に完成した共同熟成庫。2018年の「Japan Cheese Award」では、ここで熟成させた、あしょろチーズ工房の「十勝ラクレット モールウォッシュ」が金賞を受賞した

青森県・弘前市

料理人のチーズ

弘前チーズ工房　カゼイフィーチョ・ダ・サスィーノ

地場の食材にこだわるイタリアンのシェフが地元のジャージー乳でチーズを作っています。料理人が試行錯誤の上に完成させたイタリアタイプのフレッシュチーズは、国内外のコンテストでも高い評価を得ています。

シェフの笹森通彰さん

Data　青森県弘前市土手町62-1
　　　tel 0172-33-2139　http://dasasino.com

●創業年／2014年　●工房の形態／レティエ　●工房の見学／不可
●原料乳の獣種／牛（ジャージー種）　●チーズの購入方法／工房の直売所店頭での販売のみ　●工房の直売所／営 11時30分〜14時、17〜21時、月曜休

カゼイフィーチョ・ダ・サスィーノのおいしいチーズ

ジャージーミルクのモッツァレッラ

546円(100g)　[パスタフィラータ]
[ホールサイズ] 100g
[原料乳] 牛(ジャージー種)　[熟成] なし

隣町（鰺ヶ沢町）のジャージー種のミルクを使用。もともと経営するピッツェリアで使うために、厨房で製造され始めたという経緯がある。2015年に「Mondial du Fromage(P13)」でブロンズメダルを受賞。

● テイスティングコメント

「張りのある磁器のような表皮。ジューシーでレモンの酸味と乳酸を強く感じる、爽やか系のモッツァレラ」（佐藤）「光沢のある表皮、中はきれいなパスタフィラータ層が見える。甘味は控えめでレモンのような酸の香り」（吉安）「優しいミルクの風味と爽やかな酸味。モッツァレラらしい繊維の歯応えが楽しめる」（柴本）

こんなふうに味わいたい

加熱してミルクの風味を立たせて味わいたい。ピッツァや、魚（鰯や鯵）、ナス、トマトと重ねてオーブン焼きに。

ジャージーミルクのブッラータ

648円(100g・2個入り)　[パスタフィラータ]
[ホールサイズ] 50g
[原料乳] 牛(ジャージー種)　[熟成] なし

「ブッラータ」は南イタリア発祥のチーズで、ここ数年日本でも人気を集め、さまざまな工房で作られている。巾着形にしたモッツァレラのカード（生地）に、クリームとモッツァレラのカードを詰めている。50gと食べきりのミニサイズ。

● テイスティングコメント

「茶巾絞りのようなかわいい形。外皮（モッツァレラ生地）を割ると、中から生クリームがとろ〜りと出てくる。素晴らしいプレゼン!!」（佐藤）「つや感のある美しい外皮部分には、酸味も感じられる。中のクリームはさらっとした口当たり。室温に戻すと、よりマイルドな味わいに」（吉安）

こんなふうに味わいたい

季節のフルーツと組み合わせてデザート感覚で。エキストラバージンオリーブオイルの上質なものを掛けて。

弘前チーズ工房　カゼイフィーチョ・ダ・サスィーノ ● 青森県弘前市

チーズ工房紹介

イタリア料理のシェフが作るチーズ

　日本で 2018 年現在、チーズ製造をしているところは大小合わせて 280 軒とも、それ以上ともいわれています。その約半数が、酪農が盛んな北海道にありますが、その他の都府県にもチーズ製造所が多数存在しています。そしてこの数年で、全国各地から新規のチーズ製造所があちこちに立ち上がっているという情報が入ってきています。

　そのひとつ、2014 年の春にできたチーズ工房が青森県弘前市にあります。その名は「カゼイフィーチョ・ダ・サスィーノ」。食べることが好きな方は、ピンと来たかもしれませんね。イタリア料理の店「オステリア・エノテカ・ダ・サスィーノ」のシェフである笹森通彰さんが始めたカゼイフィーチョ（イタリア語で「チーズ工房」の意）です。

　笹森さんは弘前市の出身で、専門学校を卒業後、イタリア料理の道に入り、東京やイタリアで働いたのち、2003 年に地元でイタリアンレストランを開店。「わざわざ地方にまで足を運んでもらえるレストランになるために、都市部とは違う切り口でやっていきたい」との思いで、野菜、魚、肉など地元の生産者の食材を使用。さらに自ら生ハムやソーセージを作り、ブドウを育ててワインを醸造……と、加工品まで自家製という徹底したコンセプトを貫いています。そのなかに「チーズ作り」もあったのです。

　笹森さんのチーズが知られるようになったのは、2014 年に開催された「Japan Cheese Award」に「ブッラータ」と「モッツァレッラ」の 2 品が出品され、いずれも金賞、銀賞と入賞したことがきっかけです。青森県の新しいチーズ工房が

入賞したこと、よくよく聞けば、あの有名イタリアンのシェフの手掛けたチーズだということで、多くのチーズ関係者やチーズファンに鮮烈な印象を与えました。

　ちなみに「ブッラータ」とは、1920年代に南イタリアのプーリア州で誕生したフレッシュチーズです。もともとモッツァレラを作ったときに残るカード（生地）の利用法として考案されました。モッツァレラのカードを細かくしたものに生クリームを加えた「ストラッチャテッラ」を、巾着状にしたモッツァレラのカードの中に詰めて入り口を締めた、まるでおでんの「餅入り巾着」のような形状をしています。

本場の味わいを元に独学で挑戦
　イタリアンのシェフがいったいいつの間に、どこでチーズ作りを学んだのだろう？　と私も興味が湧き、笹森さんに会いに行き、話を伺いました。すると、チーズ作りを本格的に学んだり、研修を受けたりしたことはなく、まったくの独学でここまでこられたとのこと。北イタリアでの修業中に、同僚がレストランの厨房の一画でチーズを作っていたのを見て、これなら自分も作ることができそうだと思っていたそうです。

　帰国後、自家製チーズを作るため、製造について書かれた本や、YouTube（!）でモッツァレラ作りの動画を繰り返し見ながら、見よう見まねで、それこそ厨房の鍋ひとつで、チーズ作りにチャレンジし始めたとのこと。

　理想としていたのは、自身が食べてきた本場のチーズの味や食感。正式に習ったレシピがないなか、モッツァレラらしい弾力や表皮の張りなどのテクスチャー（感触）、そしてじゅわっと出てくるミルクの甘味を再現するべく、試行錯誤を繰り返してきたそうです。本場のチーズの味を知っていて、その味や食感を再現する努力をし、実際に形にしてしまう能力を持つ笹

弘前チーズ工房　カゼイフィーチョ・ダ・サスィーノ　●青森県弘前市

森さん。目指すチーズの理想型があり、そこに向かっていく姿には料理人魂を感じました。笹森さんは「チーズ職人などに正式に教えてもらっていたら、もっと早くチーズ作りをマスターできたかも」と言いつつも、スタッフと苦労したことは、貴重なプロセスだったと感じているそうです。

　こうして誕生したモッツァレラは、笹森さんの経営するピッツェリアで提供され始めました。この時は、まだチーズ工房ではなく、レストランの厨房での製造でした。そして満を持して2014年の春に「乳製品製造業」の認定を取り、「カゼイフィーチョ・ダ・サスィーノ」が立ち上がりました。

いつか地元の日常の味に

　地元の食材を使った料理を提供する、笹森さんのレストランの自家製チーズですから、原料乳も、もちろん地元産です。弘前市の隣の鰺ヶ沢町でジャージー種を飼育する牧場「ABITANIA（アビタニア）ジャージーファーム」の牛乳を使っています。吟味した牛乳で日々作るチーズの量は、それほど多いものではありません。さらにピッツェリアで食材として使用しますので、小売りで販売する数は本当に少ないそうです（通信販売もしていません）。今は少量生産で入手困難（？）な「カゼイフィーチョ・ダ・サスィーノ」のチーズですが、笹森さんの将来の野望としては、地元の乳業会社とタッグを組み、日常的に食卓で食べる、日本における「豆腐」のような価格帯で販売をしたいということでした。「弘前の人たちがお店に来るときには、容器を携え、まるで昔の豆腐屋に来るようにチーズを買いに来る……弘前を日本で最もチーズの消費量の多い町にしたい！」と話していました。

　そしてもうひとつ、ゆくゆくはミルクのみならず、乳酸菌もその土地のものを使って発酵させて、その土地に存在する細菌

やカビなどで熟成させていく「地場のチーズ」を作ってみたいとのこと。本来、チーズは「その土地の味」を表現する食品。そして「その土地の人」に愛され、日常的に食べられるもの。そういった形態が醸成されて初めて、日本の食文化にチーズが根付いたといえるのかもしれません。

工房からの メッセージ	モッツァレッラ、ブッラータとも、おかげさまで地元の方々にも評判が良く、店頭販売で売り切れの状態になっております。今後もミルク生産者さんと地元に愛されるチーズを作り続けていきたいと思います。（笹森通彰さん）

手作りでひとつひとつ仕上げられるモッツァレラ

地元のミルクで作る自家製モッツァレラがのったピッツァ

弘前チーズ工房　カゼイフィーチョ・ダ・サヌィーノ　●　青森県弘前市

> 栃木県・那須町

山羊の酪農を未来につなげる

那須高原今牧場 チーズ工房
（なすこうげんいまぼくじょう）

実家の牧場で毎日搾乳される新鮮なミルクで、ご主人は山羊乳製、奥さんは牛乳製のチーズをそれぞれ作ります。ともに切磋琢磨しながら作られるチーズはいずれも個性が際立ち、今や全国区の工房となりました。

Data　栃木県那須郡那須町大字高久甲5898
　　　tel 0287-74-2580　http://ima-farm.com

●創業年／2012年　●工房の形態／フェルミエ　●工房の見学／不可　●原料乳の獣種／牛（ホルスタイン種）、山羊（日本ザーネン種）　●チーズの購入方法／牧場内の売店での購入やオンラインショップ、メール、FAXで注文可能。または小売店で　●工房の直売所／営 10〜17時、水曜休

那須高原今牧場 チーズ工房のおいしいチーズ

こんなふうに味わいたい
ほんのり甘味を残したデラウエアのワインと。ジャガイモや温野菜とともに。ルッコラを使ったパニーニに。

りんどう
574円（100g）　[ウォッシュ]
[ホールサイズ] L20×W20×H6cm（直方体）、2kg
[原料乳] 牛（ホルスタイン種）　[熟成] 45日

奥さんのゆかりさん担当のウォッシュチーズ。北イタリアで研修してきた「タレッジョ」というチーズをイメージしている。ウォッシュ独特の風味は穏やかで、ミルク由来の優しい味わいと熟成による複雑な味のハーモニーが楽しめる。

●テイスティングコメント
「甘味、酸味、塩味など味わいの要素が多く、複雑。心地よい風味がずっと続く」（佐藤）「塩味の効いたうま味がしっかり味わえる。弾力のある生地はかみしめると口溶けが良く、あとを引く」（吉安）「柔らかくむちっとした質感。味わいはバランスが良く、雑味なく、素直においしい」（柴本）

こんなふうに味わいたい
おいしい紅茶のお茶請けとして。または粗挽きの黒コショウやオリーブオイルを掛けて、おつまみに。

茶臼岳　※4～11月に販売
1907円（180g）　[酸凝固]
[ホールサイズ] 上部（5cm四方）×底辺（7.5cm四方）×H5.5cm（ピラミッド形）、180g
[原料乳] 山羊（日本ザーネン種）　[熟成] 12日

ご主人の雄幸さんが手掛けるシェーヴルチーズ。那須連山の茶臼岳の形をイメージして名付けたそう。山羊は搾乳できる時期が春から秋の約半年間なので、晩秋には品切れになってしまう。

●テイスティングコメント
「ふわっとほぐれる食感。塩味は控えめでミルクの風味が広がる」（佐藤）「グレーの表皮が個性的。中身は山羊ミルク特有の純白で、柔らかい生地。爽やかな酸が口に残るシェーヴル」（吉安）「ほんのりとした酸、山羊特有の臭みはほとんどなく、優しく雑味のないきれいな味わい。自分で熟成を進めて楽しみたい」（柴本）

那須高原今牧場 チーズ工房 ● 栃木県那須町

こんなふうに味わいたい
醤油とワサビを添えて、冷ややっこのようにしておつまみに。またはほぐしてサラダや味噌汁に入れても。

ゆきやなぎ（塩入り）
713円（150g） [フレッシュ]
[ホールサイズ] ø10×H2.7cm（円盤形）、150g
[原料乳] 牛（ホルスタイン種）　[熟成] なし

まるで牛乳で作った豆腐のような柔らかさと適度な弾力がある不思議な食感。塩が少し入っていることにより、ミルクの持つ甘味を引き立てている。リコッタともクリームチーズとも違う、新しいジャンルのフレッシュチーズ。

● テイスティングコメント
「ミルクの甘い香り。塩味がミルクの甘さを引き出している。適度な固さのある食感が心地よい」（佐藤）「純白で弾力のある、まるで木綿豆腐のような生地。ミルク感が味わえる」（吉安）「優しい甘味とミルクの風味。クセがなくあっさりとしている。粒を感じる弾力のある食感」（柴本）

こんなふうに味わいたい
黒パンのスライスに塗って蜂蜜やジャムをトッピングして。サーモンのオープンサンドに。

朝日岳　※4〜11月に販売
1000円（200g） [フレッシュ]
[原料乳] 山羊（日本ザーネン種）　[熟成] なし

搾りたての山羊乳から作る山羊乳製フロマージュ・ブラン。柔らかいクリーム状なので、かむことが困難なお年寄りの食事に、また山羊乳は母乳に近い成分なので、離乳食にも取り入れたい。

● テイスティングコメント
「乳酸菌の作る爽やかな酸味とミルクの風味が生きているシンプルな味わい。単体で味わうよりも、タルティーヌやディップなどのアレンジに向いている」（佐藤）「リコッタやカッテージチーズを思わせる酸味の効いた一品」（吉安）「柔らかく、ざらっとした質感。爽やかな酸味と優しい甘味があり、山羊ミルクの風味が楽しめる」（柴本）

チーズ工房紹介

全国第2位のチーズ産地

　生乳の生産量が一番多い都道府県は、北海道……ということは、よく知られているかと思います。では、全国で2番目に多いのは、どこでしょうか？

　答えは「栃木県*」。県北部に酪農地帯が広がり、特に那須高原を中心に生乳の生産が盛んです。そんな酪農地帯の那須高原は、本州では珍しく複数のチーズ工房が集中している地域でもあります。そのなかのひとつ「那須高原今牧場」は、1947（昭和22）年に、この地区に入植し牧草地を開拓した今光雄（いみつお）さんが、乳牛1頭から酪農を始めました。息子さんの代に変わった今では、約300頭もの牛を飼育する規模の牧場になりました。そして2012年に、3代目となる髙橋雄幸（たかはしゆうこう）さんとゆかりさん夫妻が敷地内にチーズ工房を立ち上げました。

*平成29年農林水産省「牛乳乳製品統計調査」より

チーズ工房を始めた理由

　夫妻が工房を立ち上げた理由はふたつあり、ひとつ目は「牛乳の消費の低迷」のため。飲用乳の生産だけでは、この先、酪農家としてやっていくのは難しいと考え、乳製品加工と販売（6次産業化）とを併行して行っていこうということ。ふたつ目は、家族で大切に搾ったミルクに付加価値を付けたい、ということ。

　現状の制度では、酪農家が生産した生乳は全国に10カ所ある指定生乳生産団体（関東は「関東生乳販連」という団体）に、全量買い取られることになっています*。これは、生産した生乳の乳価と行き先が確実に決まっている（売り先

那須高原今牧場　チーズ工房　●　栃木県那須町

がある）ということで、酪農家にとってはありがたい制度ではありますが、基本的に、同じ地域の生乳はすべて混ぜられてしまうので、たとえ丁寧に育て、餌にこだわって品質の良い生乳を生産したとしても、ほかと差別化されることはありません。

　3代目の髙橋ご夫妻は、今牧場で大切に育てた健康な牛たちのミルクを、すべて出荷してしまうのではなく、「今牧場の生乳で作ったチーズ」として、消費者に分かる形で商品にしていく道を選ぼうと決めました。新鮮なミルクが直接供給できる絶好の場所である牧場内に、また那須高原という人気観光地の販売力の強さを狙って、チーズ工房を作ったのです。

*農協などの組合組織に加入している酪農家に限る（現状ではほとんどの酪農家が加入している）。

タイプの違うふたつのチーズ

　工房の設立は2012年。この本を書いている6年前ですが、ふたりともチーズの製造歴は15年以上のベテランです。

　今牧場の娘であるゆかりさんは、大学卒業後に北海道のチーズ工房2軒で4年間研修をしました。2軒目の研修先で、チーズを作る技術だけではなく、自分がどんなチーズを作っていきたいのか、どういう作り手になりたいのか、ということを考えるきっかけを得て、その後、北イタリアに渡り、半年間研修をしてきました。帰国後、北イタリアの代表的なチーズのひとつである牛乳製のウォッシュタイプをモデルとしたチーズを作る決心をしました。

　一方、ご主人の雄幸さんは、新潟県村上市の出身。実家は肉牛の畜産を営む農場でしたが、当時の黒川村（現在の胎内市）役場に就職。農業研修のために渡欧した際の研修先が、チーズ作りをしている農家だったことから、

チーズ製造の研修を受ける機会を得て、その成果を生かすため、帰国後、村の特産品づくりの担当者に指名されました。その後、さらに国内のチーズ工房での研修を経て、「胎内チーズ製造施設」で2004年からチーズ製造担当者となりました。

　雄幸さんいわく、「特産品としてチーズを開発していく話が持ち上がった時は、チーズの知識はまったくなかったけれど、当時の村長の自分に託してくれた思いに応えたいという気持ちで、一生懸命だった」とのこと。その成果が、2007年の「ALL JAPAN ナチュラルチーズコンテスト」での審査員特別賞の受賞。受賞したのは、当時は珍しかった山羊乳製のチーズで、シェーヴルチーズの作り手としても、業界では知られる存在となりました。

　ふたりが結婚後、チーズ工房を立ち上げたとき、雄幸さんは古巣の胎内の工房から山羊を引き取り、シェーヴルチーズを作るため、牧場内に新たに山羊小屋を設置して、飼育、搾乳を始めました。夫婦二人三脚でチーズ工房を切り盛りしているのは、決して珍しいことではありませんが、どちらかがチーズメーカーで、もうひとりは補助的な仕事をしているというパターンが多いなか、夫婦ともにチーズメーカーというのは、ほかの工房では、あまり見かけません。

　ご夫婦には、それぞれに担当のチーズがあり、ウォッシュタイプを中心とした牛乳製のチーズはゆかりさんの、山羊乳製のチーズは雄幸さんの担当と決まっています。ふたりとも経験を積んだチーズメーカーなので、お互いに出来具合をチェックできることや、行き詰まったときに相談しながら試行錯誤できるというのは、大変心強いことでしょう。

　チーズ工房は、牧場内にある牛の搾乳所の隣に建設されており、搾りたてのミルクがパイプラインを伝って（ポンプなどで汲み上げることなく）工房のタンクに収まります。そしてす

那須高原今牧場 チーズ工房　●　栃木県那須町

ぐに低温殺菌処理を行い、適温に下がったところでチーズ製造を開始するので、朝の 5 時半から数時間のうちにチーズに加工されるという何とも恵まれた環境です。
　「まだまだ自分たちのチーズの理想型にまで達していない。日々、試行錯誤、勉強です」雄幸さんとゆかりさんはそう話しますが、JAL の国際線ファーストクラスで提供されるチーズに選ばれたり、国内のコンテストで受賞をしたりなど、着実に実績を積み上げています。雄幸さんは「より高品質なチーズを安定的に製造していきたい。もっとチーズ工房全体の生産量を上げ、販路開拓や販売量を増やしていきたい」と、しっかりと将来の具体的なビジョンを見据えて、そこに向かう努力も怠っていません。

山羊を新たな特産品に
　また雄幸さんは山羊の酪農家として、山羊のさらなる利用についての取り組みにも携わっています。日本のほとんどの地域では、戦後から現代にかけて山羊の文化（乳利用や食肉利用）が消えてしまいましたが、実はここ 10 年で、山羊の乳利用は復活してきました。全国に山羊の酪農家が増え、チーズや山羊乳の販売が行われています。しかし、乳を得ることができるのは出産したメス山羊のみで、生まれてきたオス山羊の有効な利用法がほとんどありませんでした。牧場経営にとっても、何かメリットはないかと新しい方針を模索した結果、雄幸さんが今取り組んでいることは、生後 10 カ月ほどの仔山羊の肉を、地元のレストランを中心に販売していくこと。
　山羊肉はにおいが強く、硬いというイメージがあり、日本では沖縄を除き、ほとんど食べられていませんでしたが、仔山羊の肉は、仔牛の肉のように柔らかく、臭みもないため、那須の新たな特産品にと期待されています。那須地域でオス山羊

の肥育も始まれば、新たな産業になり、地域の活性化も大いに期待ができます。

　日常のルーティンワークに追われてしまうのではなく、地域や業界の発展のために、今、向き合うべき問題に対してアクションを起こしていく雄幸さんの行動力は、たいしたものです。これからも、本州一の酪農王国におけるチーズ部門のリーダーとして、那須高原でのチーズ製造をどんどん盛り上げていってほしいと切に願います。

> **工房からのメッセージ**
>
> 今牧場は、戦後の開拓を行った先人たちの努力によって出来た牧場です。酪農家にしかできないミルクの取り扱いや新鮮さに胸を張って、そのおいしさと幸せをお伝えしています。ぜひこの機会に、チーズを通して那須の大自然を味わっていただきたいと思います。(髙橋雄幸さん)

「茶臼岳」は 2018 年の「Japan Cheese Award」で金賞およびフランスのギルド・アンテルナショナル・デ・フロマジェ協会副会長が選ぶ「フェイバリット賞」をダブル受賞

髙橋雄幸さん、ゆかりさんご夫妻

那須高原今牧場 チーズ工房 ● 栃木県那須町

群馬県・大泉町

日本に根付け！　ブラジリアンチーズ

Vilmilk（ビルミルク）

25年前にブラジルからやって来たビルさんは、仲間のために自国のレシピでチーズを作り始めました。その後日本人の味覚に合わせて改良し、愛されているブラジリアンチーズは、焼いても溶けないユニークなチーズです。

チーズメーカーのファリアス・ビルマルさん

Data　群馬県邑楽郡大泉町坂田3-10-11
　　　 tel 0276-52-8484　http://vilmilk.jp

●創業年／2003年　●工房の形態／レティエ　●工房の見学／不可　●原料乳の獣種／牛（ホルスタイン種）　●チーズの購入方法／工房の直売所、オンラインショップでの通信販売、群馬県のアンテナショップ「ぐんま総合情報センター　ぐんまちゃん家」（東京都中央区銀座）、「イトーヨーカドー　グランツリー武蔵小杉店」（神奈川県川崎市）、「イトーヨーカドー　大宮店」（埼玉県さいたま市）で購入可　●工房の直売所／9～18時、日曜休

Vilmilkのおいしいチーズ

こんなふうに味わいたい
焼くときには、大きめにカットすると外側の焼き目と中身のふわっとした食感が両方味わえておすすめ。

ミナスチーズ

1020円（240g・2切入り）　[フレッシュ]
[ホールサイズ] ⌀8 × H2cm（円盤形）、120g
[原料乳] 牛（ホルスタイン種）　[熟成] なし

母国ブラジルでチーズ作りを学んだビルさんが、故郷で日常的に親しまれているチーズを再現。そのままでも食べられるが、淡泊な味わいなので、ぜひ加熱してほしい。フライパンや炭火で焼くと、途端に食欲をそそる香りとミルクの風味が増す。

● テイスティングコメント
「淡泊でフラットな味わい。ちょうど良い塩加減」（佐藤）「熱を加えることでミルクの風味がどんどん出てくる。シャキシャキとした心地よい歯応え」（吉安）「ほんのりとしたミルクの風味と塩味であっさりしている。火を通すとバタートーストのような、ミルクの焦げた甘く香ばしい香り」（柴本）

こんなふうに味わいたい
パンに塗って。またはハーブやブルーチーズなどを混ぜてドレッシングやディップソースに。

クリームチーズ

540円（150g）　[フレッシュ]
[ホールサイズ] 150g
[原料乳] 牛（ホルスタイン種）　[熟成] なし

原料はミナスチーズと生クリーム。「クリームチーズ」という名前ではあるが酸味は穏やかで、クリーミーなチーズという形状を表した名前。ゆるめのスプレッドタイプなのでディップやドレッシング、ハーブの風味付けなどの用途にも使いやすい。

● テイスティングコメント
「ほんのりと酸味があり、なめらかな口当たり。クセがなく、くどくないので、朝食にスナックタイムにといつでも楽しめそう」（佐藤）「後味に少し酸味が残る。穏やかな塩気があり、まろやかで食べやすい」（吉安）「とろ〜っと粘りがあって伸びる。練乳のような濃厚なミルク感とほどよい塩味と酸味」（柴本）

Vilmilk（ビルミルク）● 群馬県大泉町

チーズ工房紹介

チーズは土地を代表する食べ物

　カマンベール、ゴルゴンゾーラ、エメンタール、チェダー……。チーズ売り場の常連で今ではすっかりおなじみのナチュラルチーズばかりですが、それぞれ原産国はどこか分かりますか？　フランス、イタリア、スイス、イギリス……と、どれも有名ですから、すべて答えられる人もいるでしょう。では、これらのチーズ名に共通することは、何でしょうか？

　答えは「チーズの名前がすべて地名」ということです。チーズは世界中で作られていますが、作られる土地土地での気候風土や人々の暮らし方の違いが、その個性に反映されます。長い間作られ続けることでその土地を代表する食べ物となり、まるでその土地を表す「名刺」のような役割をしているのです。日本の食品に置き換えてみると、三浦大根、野沢菜、小松菜、賀茂茄子など、伝統野菜に土地の名前が付いているものが多いですね。

　日本で輸入ナチュラルチーズが店頭に並び出したのはここ30〜40年くらいのこと。ヨーロッパ産のものが主流なため、それ以外の国々でもチーズは作られていて日常的に食べられているということは意外に知られていません。国産のナチュラルチーズにおいてもヨーロッパ原産のチーズがお手本となりました。最近では日本の地名や独創的な名前が付けられたチーズも増えましたが、一方で食べ手が商品を理解しやすいように、また安心して買えるようにという理由で、お手本となったチーズと同じ名前、あるいは連想できるようなそれらしいネーミングのものが多くあります。

　そんななか、ヨーロッパ以外の国で日常的に食べられてい

るチーズを日本で再現している工房があります。ブラジルから来た人がたくさん住んでいて「ブラジルタウン」ともいわれる群馬県大泉町で、ファリアス・ビルマルさん（通称ビルさん）は 2012 年からチーズ工房を営み、日本からちょうど地球の裏側に位置する、母国ブラジルで日常的に食べられているチーズを製造販売しています。

南米ブラジルの国民的チーズ

　ビルさんが来日したのは 1992 年、28 歳の時。その頃日本では労働力が不足していたため、日本企業の要請によって、ブラジルからたくさんの派遣労働者がやって来ました。富山県にある林業関連企業の派遣社員として働くために、家族とともに来日したビルさんがチーズを作りだしたきっかけは「家族や友人たちに母国のチーズを食べさせてあげたい」という思いから。ブラジルで祖母が家でチーズを作っていたことや、ビルさんが乳製品の専門学校に通った経験から、家庭でも簡単にチーズを作る方法を知っていたのです。

　近所の酪農家から分けてもらったミルクを使って、台所の鍋で作ったチーズを、同じように派遣で来日したブラジルの人たちにも分けてあげているうちに評判となり、2003 年には富山県でその当時としては初めてとなるチーズ工房を立ち上げました。その後、工房の規模を大きくするため、原料となるミルクが十分確保できるようにと大泉町に移り、「ビルミルク」という屋号で再出発をします。

　ビルさんの故郷でチーズは日常的に、朝食にパンと一緒に食べられるものなので、あまり熟成をさせないフレッシュなタイプやクリーム状になっているタイプが多かったのだそうです。工房の主力である「ミナスチーズ」は、ブラジルでは最もポピュラーなチーズのひとつ。「ミナス Minas」とは、ブラジ

Vilmik（ビルミルク）● 群馬県大泉町

ルの南東部にあるミナスジェライス州の名から来ています。同州には金やダイヤモンドの鉱山があったことから、ポルトガル語で「宝石の鉱山 Minas Gerais」が、そのまま州名になりました。そして鉱山で働く労働者が携帯し、食べていたチーズが「ミナスチーズ」とよばれるようになったのが、このチーズの始まりです。もともとは重労働をする鉱山労働者の食糧だったので、塩分がかなり強いものなのですが、ビルさんは日本の人たちに抵抗なく食べてもらえるようにと、通常より塩分をかなり減らしたオリジナルの「ミナスチーズ」を作っています。

カリッとしてモチッとした新食感

　「ミナスチーズ」は、ミルクを乳酸菌と凝乳酵素で固めたもの（これをカードといいます）を型に入れて、水分を抜いて作られます。こうして作られるチーズは、チーズ作りにおいては、一般に「グリーンチーズ」とよばれます。多くのチーズの元となるもので、これにさらに微生物を利用して熟成を施し、さまざまなチーズが作り出されます。同じフレッシュな状態のチーズでも、乳酸発酵を長くさせることによってヨーグルトのような酸味が味わいの中心となっているクリームチーズやフロマージュ・ブランなどのいわゆる「フレッシュチーズ」とは違い、このチーズは乳酸発酵の時間が短く、ほとんどされていないので、ミルクの風味と塩味が味わいの中心となっています。

　熟成させたチーズにあるうま味や、フレッシュチーズに感じられる酸味がほとんどないため、私たち日本人の思い描くチーズの味わいとは少しニュアンスが違う、そんな不思議な味わいのチーズです。ちょっと物足りないような、でもこういうチーズもあるんだよ、と言われて食べ続けたら、そのうちなじんできそうな、……つまりは、日本人にとってはまだまだ未知の、新しいジャンルのチーズといえるでしょう。

ブラジルタウンで作られるチーズですから、ビルさんのチーズのファンはブラジルの人かと思いきや、そのほとんどが日本人なのだそう。そして日本人の「ミナスチーズ」の愛好家は、ブラジル本国のようにチーズをそのままスライスして食べるのではなく、フライパンやホットプレートで焼いて食べています。そう、このチーズの最大の特徴は「焼いても溶けない。焼いても水っぽくならない」ということ。BBQの焼き網で、炭火で焦げ目が付くくらい焼いても流れ出しません。熱々のチーズは焼き目がカリッと香ばしくモチモチとしていて、ヨーロッパのチーズでは体験できない新しい食感が楽しめます。加熱をすることで、ミルクの香りが立ち上がり、生では感じられなかったミルクの甘い味が、口の中にふんわりと広がります。

　週末には、東京都内のファーマーズマーケットや大型ショッピングモールにキッチンカーで出掛けて、試食販売をしています。チーズを焼く香ばしい香りに誘われて、キッチンカーはいつも人だかりの大人気。BBQコンロで焼いたミナスチーズを食べた人、特に子どもたちが皆、笑顔と驚きの表情で「おいしい！」と口々に喜んでくれるのが、何よりも嬉しいそうです。そしてミナスチーズのとりこになったお客さんが、後日キッチンカーに再び訪れてくれるのがありがたい、とビルさんはとびきりの笑顔で話してくれました。

群馬人泉のチーズとして

　ビルさんにとってチーズ作りで大切なことは？　という問いかけに、「まずは衛生面。自分の家族や友達のために作っているときとは違い、こうして多くの人たちに食べてもらうチーズを作っているのだから、プロとして一番気をつけないといけないこと」と答えてくれました。

　そして次に「おいしいミルクを原料に使う」ということ。富

Vilmilk（ビルミルク）● 群馬県大泉町

山県から群馬県に工房を移してからは、車で 40 分のところにある「松井牧場」のミルクの良さにほれ込み、わざわざ車で分けてもらいに行っているそうです。

　今はビルさんひとりでチーズの製造をしていますが、将来的には増員していく予定とのこと。それはもっと「ミナスチーズ」の生産量を増やすことと、熟成タイプのチーズの製造も手掛けていきたいと考えているから。今はほとんど活用できていないホエイもヨーグルトなどに加工していきたいそうです。

　そしてビルさんがさらに目指すのは、日本人の嗜好に合わせて開発したこのチーズを「大泉のミナスチーズ」として、地域を代表するチーズにすることです。そのためには、このチーズをもっとたくさんの人に知ってもらい、作る人をもっと増やしていきたい、と熱く語ってくれました。

「何よりもチーズを作ることが好きだから、心を込めて作ったチーズを食べて、おいしいと言ってくれるお客さんがいることが本当にありがたい」というビルさん。どんなに忙しくても週末にはお客さんが待っている場所へキッチンカーで駆けつけます。ビルさんの熱い思いが通じて、ブラジル原産のこのチーズがいつか大泉の名産となり、「大泉のミナスチーズ」として定着してほしいと思います。

工房からのメッセージ

皆さんはじめまして。ブラジルから日本に来て 26 年が経ちました。日本はとても素晴らしい国ですね。日本の皆さんのおかげでここまでこられました。私が作っているミナスチーズとクリームチーズは、お子さんやすべての方に安心して食べていただけるよう無添加にこだわりました。地元の牧場から仕入れた高品質なミルクを使用したフレッシュチーズとクリームチーズ。ぜひ、一度食べてみてください。（ファリアス・ビルマルさん）

こんがり焼くとミルクの甘味が膨らむ！ しかも溶け出さない！

「チーズ作りで一番大切にしていることは衛生的に作ること」というビルさん

週末はキッチンカーで各地へ出張販売している

Vilriik（ビルミルク） ● 群馬県大泉町

> 千葉県・いすみ市

房総のマイクロチーズ工房

高秀牧場 チーズ工房
（たかひでぼくじょう）

日本の酪農発祥の地、南房総の里山で良質なミルクを生産する牧場に出来た小さなチーズ工房。フランスのチーズ製造現場に飛び込んで技術を習得した職人が、世界に認められたチーズを生み出しました。

Data　千葉県いすみ市須賀谷1339-1
　　　tel 0470-62-6669　https://www.takahide-dairyfarm.com

●創業年／2012年　●工房の形態／フェルミエ　●工房の見学／可　●原料乳の獣種／牛（ホルスタイン種）　●チーズの購入方法／直売所の店頭での購入、またはオンラインショップ、メール、電話、FAXで注文可能　●工房の直売所／営 10〜17時、木曜休

高秀牧場 チーズ工房のおいしいチーズ

こんなふうに味わいたい
薄く切ってサンドイッチに挟んだり、パンにのせてトーストにしたり。またはジャガイモとオーブンで焼いても。

まきばの太陽
2760円（約480g） 　非加熱圧搾

[ホールサイズ] ø14.5 × H3cm（円盤形）、480g
[原料乳] 牛（ホルスタイン種）　[熟成] 6週間

2014年と2016年の「Japan Cheese Award（P13）」で2回連続金賞を受賞。高秀牧場の良質なミルクだからこそ表現できるまろやかさと深みのある味わい。

● テイスティングコメント

「パリッとした薄い表皮、中身はむっちりとした組織で、食感にコントラストがある」（佐藤）「クセの強くないウォッシュタイプでワインとの相性も良い」（吉安）

こんなふうに味わいたい
サンドイッチに、または手巻き寿司の具として。そのまま日本酒やワインのおつまみとして。

草原の青空
1012円（130g）　青カビ

[ホールサイズ] ø7 × H4cm（円柱形）、130g
[原料乳] 牛（ホルスタイン種）　[熟成] 5週間

青海苔をまとったような奇抜な外観がユニークなブルーチーズ。2015年の「Mondial du Fromage（P13）」で最高位のスーパーゴールドを受賞。

● テイスティングコメント

「ねっとりとした食感でさっぱりとした味わい。穏やかだがしっかりした塩味」（佐藤）「青カビらしい香りと塩味、苦味がありながらマイルドで食べやすい」（柴本）

こんなふうに味わいたい
純米酒、あるいは紅茶を合わせて。サラダに散らしてアクセントに。または季節の果物と一緒に。

いすみの白い月
736円（90g）　酸凝固

[ホールサイズ] ø7 × H2.5cm（円盤形）、90g
[原料乳] 牛（ホルスタイン種）　[熟成] 2週間

牧場自慢のミルクで作る酸凝固タイプのチーズ。熟成の過程でチーズの表面に生える酵母に由来する香りがあり、和酒との組み合わせが楽しめる。

● テイスティングコメント

「酒粕のような酵母の香りとヨーグルトのような酸の香り。ソフトな食感で、口の中にふわっと広がり、塩味も甘味も穏やか。とがった印象がまるでない」（佐藤）

高秀牧場 チーズ工房 ● 千葉県いすみ市

チーズ工房紹介

チーズ工房6軒が集まる町

　千葉の房総半島は日本の酪農発祥の地。8代将軍徳川吉宗がインドから牛を3頭輸入して、安房国（現在の房総半島南部）に馬と牛の牧場を開いたことが始まりです。当時、牛は使役のための家畜でしたが、牛の乳が滋養強壮に良いということから「白牛酪」という、ミルクを煮詰めた乳製品を作らせたという記録が残っています。そして今も房総半島南部は酪農が盛んなエリアです。

　なかでもいすみ市には2018年時点でチーズ工房が6軒あり、ちょっとしたチーズスポットとなっています。2001年にオープンした「チーズ工房フロマージュKOMAGATA」を皮切りに、2007年に「チーズ工房 IKAGAWA」、2010年に「よじゅえもんのチーズ工房」、2011年に「高秀牧場 チーズ工房」、2013年に「手作りチーズ醍醐屋」などと次々に誕生しました。酪農家や大手乳業メーカーのOB、チーズ作りをするためにいすみ市に移住してきた人など、その背景はさまざまです。

始まりはひと切れのブルーチーズから

「高秀牧場 チーズ工房」で工房の立ち上げからチーズ製造をしてきたのは吉見真宏さんです。吉見さんが初めてナチュラルチーズに出会ったのは20歳頃。友人と一緒に食べたひと切れのブルーチーズでした。ブルーチーズはクセが強くて強烈だというイメージでしたが、実際に食べてみると、そのおいしさは衝撃的に感じられたそうです。

　その後、フランス語を独学で習得し、3カ月間フランスのチーズ生産地を巡るバックパッカー旅行を敢行。その時に訪

れたオーヴェルニュ地方の壮大な風景に圧倒され、必ずチーズ作りを学ぶために再度渡仏することを決めて、いったん帰国。その後、チーズ作りをするならば酪農体験もしておこうと、北海道の酪農家のもとで酪農実習を経験し、満を持してワーキングホリデーを利用して1年間の渡仏。

　そして前回印象深かったオーヴェルニュ地方を再び訪れ、たまたま縁があったサン・ネクテール*製造農家で、半年ほど住み込みで研修することができたのだそうです。乳製品学校に通って理論的なことを一から教わるのではなく、いきなり現場で親方から見よう見まねでチーズ作りを教わり、"漠然とした理論"を習得したといいます。

*サン・ネクテール：フランス・オーヴェルニュ地方原産のセミハードタイプのチーズ

2011年にチーズ工房が完成

　再び日本に戻り、北海道のチーズ工房でさらにチーズ作りの経験を積みました。その後、都内のチーズショップでカット販売に従事。ホテルで熟成管理やサービスなどのチーズに関するさまざまなことを経験し、出身地の千葉県でチーズ工房を開くことを目標に据え、2010年秋に高秀牧場に就職しました。当時は牧場スタッフとして、主に牛の世話などを担当していましたが、ようやく2011年暮れに牧場内にチーズ工房が完成し、製造担当者として活躍することになりました（販売は2012年3月から）。

　単身でフランスに渡りチーズ製造を実地で覚えたこと、滞在中にさまざまな地域を回り、各地でいろいろなチーズを食べたこと、都内でのチーズショップ勤務の時代に各国の優れたチーズに触れたことは、日本のチーズメーカーとして、ほかにはあまりないユニークなキャリアとなりました。

高秀牧場　チーズ工房　●　千葉県いすみ市

国際コンクールでスーパーゴールドを受賞

　工房をオープンする際、オーソドックスで食べやすいチーズを作っていきたいという考えから、すぐ食べることができて熟成させない「フロマージュ・ブラン」、「モッツァレラ」のフレッシュタイプのチーズと、チーズらしいうま味が楽しめる「いすみの白い月」、「まきばの太陽」の熟成タイプのチーズの製造を始めました。そして少しニュアンスの違うチーズをもう一種類作ろうと、2014年に新しく青カビタイプの「草原の青空」がラインナップに加わりました。ブルーチーズに慣れていない人でも楽しめるような、穏やかな味わいが特徴です。

　2014年に開催された「Japan Cheese Award」では、セミハードタイプの「まきばの太陽」が金賞を獲得し、翌年フランスで開催されたチーズの国際コンクール「Mondial du Fromage」に、「まきばの太陽」と「草原の青空」などを出品した結果、「草原の青空」が最高賞のスーパーゴールドに輝きました。

　このニュースは、またたく間に日本のチーズファンの間に広がり、高秀牧場 チーズ工房の存在が大きく取り上げられるきっかけとなりました。もともとは地元中心に販売されていたチーズでしたが、国内外のコンクールでの相次ぐ受賞やメディアへの登場で全国的に注目を集め、一時期は予約待ちの状態になるなど、ひっきりなしに注文があるのだそうです。

新たな高秀牧場 チーズ工房の始まり

　2018年の夏から高秀牧場のチーズ作りは、吉見さんから後任の大倉典之さん（おおくらのりゆき）にバトンタッチされました。今まで通りのラインナップを引き継いでいくそうですが、チーズ作りは作り手の人柄がチーズに表れますから、レシピやラインナップが変わらなくても、きっと出来上がるチーズには変化があることで

しょう。これまでの高秀牧場のチーズとは、また違った魅力のあるチーズが食べられることが楽しみです。また、ゆくゆくは新しいチーズの開発なども予定されているそうです。

　こちらの工房を卒業した吉見さんは、2018年に同じ町内に新しいチーズ工房とカフェ「haru Fromagerie・Café ハル　フロマジュリ・カフェ」を立ち上げ、これからも引き続き高秀牧場のミルクを原料としたチーズ作りを続けていくとのこと。またまたいすみ市にチーズ工房がひとつ増えることになりました。ますます賑やかになっていくチーズの町に、訪れる人も増えるに違いありません。

工房からの メッセージ	高秀牧場の生乳は、とても爽やかですっきりとした味わいをしています。その特徴を感じてもらえるように、当工房では塩分を控えめにして、ミルクのコクや風味が感じられるチーズ作りを目指しています。併設されたカフェでは、チーズの盛り合わせのほか、それらを使用したフードメニューも充実しています。ぜひ一度足を運んで、牧場の雰囲気を肌で感じてもらえたらと思います。（大倉典之さん）

かわいらしいチーズ工房のサイン

高秀牧場チーズ工房 ● 千葉県いすみ市

> 東京都・渋谷区

ライブなチーズ工房

CHEESE STAND（チーズスタンド）

出来たてのチーズが都心で食べられるというコンセプトの劇場型チーズ工房の先駆けです。作りたてというだけではなく、食感や味わいもとことん追求したレベルの高いモッツァレラは、都心では貴重な存在です。

Data　SHIBUYA CHEESE STAND
　　　東京都渋谷区神山町 5-8 1F
　　　tel 03-6407-9806　http://cheese-stand.com

●創業年／2012 年　●工房の形態／レティエ　●工房の見学／不可　●原料乳の獣種／牛（ホルスタイン種）　●チーズの購入方法／工房の店頭、オンラインショップ、または小売店店頭で　●工房の直売所／営 11 〜 23 時（日曜は〜 20 時）。またチーズ工房を併設した食のセレクトショップ「& CHEESE STAND」（渋谷区富ヶ谷 1-43-7 1F　営 11 〜 20 時、土・日曜 11 〜 18 時）もある。いずれも月曜休（祝日の場合は翌日休）

CHEESE STANDのおいしいチーズ

こんなふうに味わいたい
5mmくらいにスライスしたイチゴを添えて、オリーブオイルと塩を振り、イチゴサラダに。

出来たてモッツァレラ

527円（100g） 　パスタフィラータ

ホールサイズ 100g
原料乳 牛（ホルスタイン種）　熟成 なし

東京都内の酪農家が搾った生乳を使い、渋谷の工房で作られている。まるで街なかの豆腐店のような気軽さで、作りたてのチーズが食べられる。出来たてのプリンと張りのあるモッツァレラは、ジューシーで新鮮なミルクの味が楽しめる。

● テイスティングコメント

「口当たりは軽やかで、ふんわりとした口溶け。甘いミルクの香りが印象的」（佐藤）「表皮に触れた瞬間からふわっとした柔らかさを感じる上品なモッツァレラ」（吉安）「真っ白でつやがある表皮。中身は柔らかくふわっとした食感。ほどよい繊維。優しいミルクの風味とほのかな酸」（柴本）

こんなふうに味わいたい
チョコレートソースをかけてサンデー風に。または豆腐の代わりに白あえに使うのもいい。

出来たてリコッタ

444円（100g） 　フレッシュ

原料乳 牛（ホルスタイン種）　熟成 なし

モッツァレラを製造した際に生じるホエイ（乳清）に生乳を少し加えて加熱。熱で固まり、ふわふわと浮いてきたタンパク質を籠にすくって水を切ったものがリコッタ。新鮮なリコッタはホットミルクのような香りとほんのり優しい甘味がある。2018年の「Japan Cheese Award」で金賞と部門賞を受賞。

● テイスティングコメント

「カップで販売されている輸入品に比べて、水分量が多くしっとりとしているので、口溶けが良く、このままデザート感覚で食べられる」（佐藤）「粒々の舌触りが食べ応えを感じさせるマイルドなリコッタ」（吉安）「雑味がなくきれいな味わい。ホエイの甘味と香りの余韻が心地よい」（柴本）

こんなふうに味わいたい

ルッコラ、バジル、トマトなどと一緒に盛りつけて、青々としたオリーブオイルを掛けてサラダに。

東京ブッラータ

1000円（150g）　[パスタフィラータ]
[ホールサイズ] 150g
[原料乳] 牛（ホルスタイン種）　[熟成] なし

南イタリア発祥のブッラータを、おそらく日本で最初に製造販売した。巾着の中に生クリームを使った「ストラッチャテッラ」を詰め込むブッラータは新鮮さが命ともいえるため、消費地に近い渋谷で製造販売をしているのは理にかなっている。2017年の「Mondial du Fromage（P13）」で銀賞を受賞。

● テイスティングコメント

「ナイフを入れるのが楽しみになるきれいな巾着形。中身はクリーミーで濃厚」（佐藤）「中身のクリームの甘味、外側の歯応えとほのかな酸味のバランスが絶妙」（吉安）「優しい味わい。モッツァレラの繊維と生クリームがなじんだ中身と皮の部分の複雑な食感が楽しい」（柴本）

こんなふうに味わいたい

そのままコーヒーや紅茶と一緒に。ベーコンで巻いたり、ゆでた野菜の上にのせて加熱しても。

カチョカヴァッロ

713円（100g）　[パスタフィラータ]
[ホールサイズ] 100g
[原料乳] 牛（ホルスタイン種）　[熟成] 1カ月

水分が少なめ（硬め）のモッツァレラの生地をひょうたん形に成形して、乾燥熟成させている。1カ月間の熟成によってうま味が増しているが、まだミルクの風味も残っている。チーズスタンドのラインナップのなかでは日持ちが長いチーズ。

● テイスティングコメント

「むっちりとした食感。塩味、酸味、甘味がちょうどよく、子どものおやつに、お酒のおつまみに、ピザトーストにと、いろいろ使えそう」（佐藤）「強すぎない塩気とミルクの甘味」（吉安）「ほどよい塩気がミルクの甘味と香りを引き出している。ほんのりバターのような香り。雑味なくきれいな味わい」（柴本）

チーズ工房紹介

都会にオープンしたチーズ工房

　チーズ工房は酪農地帯にあり、周辺にはのどかな風景が広がっている……というイメージがあります。少なくとも、私はそう思っていました。アニメの「アルプスの少女ハイジ」の世代なので、その印象が強すぎるのかもしれません。現代において、チーズを作る施設が、必ずしも自然が豊かで緑あふれる場所にあるとは限らないことは、よく分かってはいるものの、どこかゆったりとした時間が流れている、そんな場所にありそうな……。

　ところが2012年、新しい形態のチーズ工房が、東京・渋谷に誕生しました。その名も「SHIBUYA CHEESE STAND」。都会の真ん中にチーズ工房？　いったいどうやって？？　そんな地価の高い場所で営業して、採算は取れるの？？？　チーズ工房が出来るらしいという話を聞いた時に、いろいろなことが頭の中を駆け巡りました。今では、都会や市街地に小さなワイナリーやチーズ工房がいくつか誕生していますが、東京のど真ん中にチーズ工房が出来るということは、当時はかなりセンセーショナルな出来事でした。

東京のミルクで、東京で作るチーズ

　SHIBUYA CHEESE STANDでは、毎朝届く都内の酪農家のミルクからモッツァレラを作っています。東京都内で酪農を営み、ミルクを出荷している農家があること自体、あまり知られていないことです。朝4時にミルクを受け入れ、ほどよく温めたのちに、乳酸菌、凝乳酵素を加えてミルクを固めて、チーズ作りを開始します。工房にはカフェレストランが併設されており、初めてこの工房を訪ねた時にはチーズ工房での作

業をカウンターのガラス越しに見ることができました。モッツァレラの最後の工程であるフィラトゥーラ(ミルクを固めた「カード」に熱湯を注ぎ、練って繊維状の生地にしてモッツァレラの形に成形していく工程)は、ちょうどランチ時に始まります。そのシズル感あふれる光景を眺めながら、工房のチーズを使った料理やドリンクを楽しめるようになっていたのです。

　その様子を見たとき、2000年代半ばのNYでのあるひとコマを思い出しました。人通りの賑やかな街の市場にあるチーズショップで、近郊のチーズ工房で作ったモッツァレラ用のカードを店先で練りながら次々にモッツァレラを完成させる、いわば実演販売をしているのです。通常、チーズは陳列用の冷蔵庫、あるいは陳列棚に商品として並んでいますが、このショップでは、出来たてのモッツァレラをビニール袋に入れて、どんどん売りさばいていました。今出来たばかりの新鮮なものを購入するという安心感、そして何よりも、買い物しながらチーズが出来上がる過程を見ることができるのは、そのチーズに対して愛着や期待が大いに湧きます。多くを語らずとも、チーズにあるストーリーをキャッチすることができるのです。これはなかなか良い売り方だなぁと感心したものです。

チーズ工房の立役者
　このチーズ工房を経営している藤川真至さんは、大学時代にバックパッカーとなって世界を回る旅に出て、ひょんなことから、その途中で立ち寄った南イタリアのナポリで、ピッツェリアで研修することになったそうです。滞在中はチーズを食べる機会にも恵まれ、モッツァレラを作っている工房の見学をするほど、急激にチーズへの興味が深まったといいます。そして3カ月間のピッツェリア研修後は、チーズを求めてイタリア北部のチロル地方を訪れ、チーズ作りをしている酪農家のもと

で、3週間ホームステイをしながら、牛の世話やチーズ熟成の手伝いなどをする経験をしました。

帰国後、大学の卒論のテーマは、ずばり「水牛のモッツァレラ」について。実はこの頃から、パフォーマンスのあるチーズ工房のプランを温めていたそうです。大学卒業後はイタリアンレストランに就職し、レストランの経営のノウハウなども実地で学びながら、自分のプランを実現する準備を着々と進めていました。

経営者兼チーズメーカーに

チーズの製造工程をライブで見せる「劇場型」のチーズ工房＆カフェレストラン。今までにない形態の事業を始めるにあたり、保健所やその他の行政関係の許可手続き、工房でモッツァレラを練るチーズメーカーのスカウト、メニューの開発と、いろいろな準備を進めてきたのですが、直前になって肝心のチーズメーカーが就業できないという事態に陥りました。

経営者として開店の準備を進めてきたのに、これは自分がチーズを作らなければと、チーズメーカーの役割も担わなければならなくなりました。いきなりチーズを作ることになって不安はなかったのですか？　という問いに、「イタリアでチーズ作りを間近で見ていた経験や、チーズ作りもそれなりに勉強をしていた経験もあって、できると思っていました。今から思うと全然ダメでしたけどね（笑）」と答えてくれました。

それでもチーズ製造に実際に携わったことにより、衛生面の管理など現場の担当者でないと分からないことが把握できたのは良かったとのこと。いつの間にかチーズメーカーとしても、その道をまっしぐらに突き進むことになった藤川さんは、積極的に国内のチーズコンクールに参加し、チーズの専門家や愛好家から広く意見を聞いてチーズを評価してもらうと同時に、日本

各地のモッツァレラ名人の工房を訪ね、ノウハウを得る努力を怠ることなく続けています。今よりさらにモッツァレラが良くなるために、アグレッシブに技術の向上に努めているのです。

チーズ工房からトレンドを生み出す

　その一方で、経営者として戦略も考えていく立場にあります。チーズのラインナップはスタイリッシュにまとめています。主力のモッツァレラを中心にブッラータ、リコッタ、カチョカヴァロとフレッシュ系が中心なのですが、無駄のない構成です。なかでも、これからブームになっていくと予想されるブッラータを国内でいち早く製造販売をし始めたのは、おそらくこの SHIBUYA CHEESE STAND でしょう。カフェレストランでもブッラータ×フルーツのプレートをオンリストし、人気を博しています。時代の風を読み、トレンドを作っていくことのできるチーズ工房の出現は、今までにない流れです。

　さらに藤川さんはカフェレストランから徒歩圏内に2号店となる「& CHEESE STAND」をオープンしました。この2号店は自社のチーズ販売はもちろん、チーズとともに楽しめるこだわりのワインや蜂蜜、塩など食材を販売するセレクトショップとなっています。これからは、新しいチーズの食べ方や食材との新たな組み合わせなどを提案し、そして発信していく「チーズを軸にした、日々の生活が豊かに、笑顔になれるようなことを提供していく企業」を目指していきたいとのこと。

　スタイリッシュなチーズ工房として注目を集めつつも、高品質で安心・安全な作りたてのチーズをレストランや小売店に卸す事業も行っており、取り扱ってくれる店も増えているそうです。そのため生産量を増やす必要もあり、チーズ工房はカフェレストランから2号店に移しました（現在はカフェにあるチーズ工房では製造をしていません）。

この新たな展開には、藤川さんの本物志向のおいしいチーズへの妥協を許さない姿勢、そして新しい感覚で事業を展開する柔軟な感性が表れているように感じます。地に足の着いたものづくりも伴った、都会的なチーズ工房の出現は、日本のチーズ工房の新たな風潮を作りました。藤川さんはそのパイオニアとして、今も最前線を走っています。

> **工房からのメッセージ**
> フレッシュチーズは名前のごとく、フレッシュなうちに食べるのがおいしいチーズです。そのおいしさをより多くの人に届けるために、2012年より渋谷の地で、毎日真摯に手作りでチーズ作りに励んでいます。（藤川真至さん）

経営者とチーズ職人の
顔を持つ藤川真至さん

ブッラータは季節の
フルーツや野菜と組
み合わせて

毎日出来たての
リコッタを販売

長野県・東御市

日本にチーズ文化を提案し続ける

Atelier de Fromage（アトリエ・ド・フロマージュ）

1980年代に創業した日本のナチュラルチーズ製造のパイオニアです。フランスの食卓で楽しまれているように日本の食卓にもチーズを、という創業者の願いは、新たな体制になっても受け継がれ、さらに進化を続けています。

Data　（本店）長野県東御市新張 504-6
　　　　tel 0268-64-2767　http://www.a-fromage.co.jp

●創業年／1982年　●工房の形態／レティエ　●工房の見学／可
●原料乳の獣種／牛（ホルスタイン種、ジャージー種）　●チーズの購入方法／直売店の店頭、またはオンラインショップや電話での通信販売　●工房の直売所／営 10～17時。無休。本店のほか、軽井沢チーズ熟成所・売店（長野県北佐久郡軽井沢町東 18-9）、旧軽井沢店（長野県北佐久郡軽井沢町軽井沢 2-1）もある

Atelier de Fromage のおいしいチーズ

こんなふうに味わいたい

コーヒーとともに。日本のメルロやカベルネソーヴィニヨンなどの赤ワインや氷結仕込みの甘口果実酒と。

ブルーチーズ

1400円(100g) 　[青カビ]

[ホールサイズ] ∅20×H10cm（円柱形）、2.4kg
[原料乳] 牛（ホルスタイン種、ジャージー種）　[熟成] 3カ月

2014年のJapan Cheese Award（P13）でグランプリを、2015年の「Mondial du Fromage（P13）」で最高金賞を受賞。本格的な国産青カビチーズ。

● テイスティングコメント

「ねっとりとした口当たり。塩味とミルクの甘い風味のコントラストがしっかり表現されている。口の中でふわっと溶けていく感覚も素晴らしい」（佐藤）

こんなふうに味わいたい

純米酒や、にごりで酵母の香りがするスパークリングワイン、シードルなどに合わせたい。

ココン

700円(50g) 　[酸凝固]

[ホールサイズ] ∅7×H3cm（円盤形）、50g
[原料乳] 牛（ホルスタイン種、ジャージー種）　[熟成] 1カ月

ホルスタイン種とジャージー種のミルクを混ぜて作る酸凝固タイプ。2017年に開催された「Mondial du Fromage」で金賞を受賞。

● テイスティングコメント

「きれいなジオトリカム（酵母）の表皮にきめ細やかな層状の生地。うま味とコクがしっかり味わえる」（吉安）「爽やかな酸味、ねっとりとした食感」（柴本）

こんなふうに味わいたい

そのままおやつやおつまみに。サイコロ状に切ってサラダに散らして、味わいのアクセントに。

硬質チーズ

1400円(160g) 　[非加熱圧搾]

[ホールサイズ] ∅22×H7cm（円盤形）、2.8kg
[原料乳] 牛（ホルスタイン種、ジャージー種）　[熟成] 6カ月

同工房には20種類以上のチーズが揃う。この圧搾タイプ（硬いタイプ）は熟成庫で6カ月以上熟成をしているもの。「プチ硬質チーズ」（100g）もある。

● テイスティングコメント

「熟成感とうま味、塩味、酸味のバランスが良い」（佐藤）
「しっかりとしたうま味とほのかな酸。ミルクを煮詰めたような香りで、クセや雑味がない」（柴本）

Atelier de Fromage ● 長野県東御市

チーズ工房紹介

チーズを通して食事を楽しむ文化を

　長野県の東部から北部にかけて流れる千曲川沿いは、ここ15年で次々とワイナリーが誕生し、「千曲川ワインバレー」とよばれるワイン産地として、注目を集めているエリアです。日本の食卓でチーズといえばプロセスチーズばかりだった1980年代、まさにこのエリアにある東御市（当時は東部町）に夫妻でチーズ工房を立ち上げ、以後35年間、さまざまなナチュラルチーズを作り続けて、ついに国際コンクールで最高賞を取得したチーズ工房があります。

「アトリエ・ド・フロマージュ」。軽井沢では人気のピザショップやケーキショップとして、多くの観光客に知られた店です。

　創業者の松岡茂夫さんは東京都出身。大学卒業後に出版系の仕事に就きましたが、ハードな仕事のため体調を崩したことをきっかけに、ものづくりを、なかでも「ナチュラルチーズ」を作りたいと考えるようになり退職。しかしチーズを作りたいと思っても、日本国内には体系的にチーズを学べるような学校や訓練所、そして研修生を受け入れてくれるような場所は皆無の時代。人づての紹介で、奥さんの容子さんとともに大学でチーズについての理論を学んだあと、フランスへ渡り、国立乳製品専門学校で本格的にチーズや乳製品について学びました。

　フランスに滞在中、ふたりはフランスの人たちの食事を楽しむ文化に触れ、チーズがいかに彼らの食事に欠かすことのできないものであるかを知り、単に食品としてのチーズを作るだけではなく、チーズを通して食事を楽しむ文化を発信していきたいと考えました。帰国後、酪農をしていた容子さんの実家

がある東部町（現東御市）の、標高 850ｍの千曲川を見下ろす河岸段丘に工房を構え、1982（昭和 57）年から本格的にチーズの製造を始めました。

　工房のスタート時には、フランスの食卓には欠かせないフロマージュ・ブランの製法をもとにした「生チーズ」というフレッシュタイプのチーズを日本で初めて誕生させました。そして「フランスで出会った数々のチーズを作ってみたい」、そんな思いで、当時、日本では珍しかった白カビタイプなどソフト系のチーズや、熟成が長めの硬質系のチーズなど、次々にラインナップを増やしていったのです。

　この頃は輸入ナチュラルチーズでさえも、都会の百貨店や高級スーパーマーケットでわずかに取り扱いがあった程度。国産のナチュラルチーズで、しかも大手企業でなく小さなチーズ工房が生産を続けるのは、大変なことだっただろうと容易に想像できます。松岡夫妻はともに「新しいことにチャレンジするのが楽しい、そういうことをずっと続けてきた年月でした」と、これまでを振り返り、語ってくれました。

ファンからヒントをもらう

　さらに松岡さんは、ナチュラルチーズを食べる習慣がない日本の食卓で、いかにして多くの人に食べてもらうか……というヒントをファンの声から拾い上げ、次々と形にしていきました。そのリクエストから始まったのが、ピザやチーズケーキなど、自社のチーズを使った製品の展開。チーズをより親しみやすい形で提供できる店舗として、工房開始から 4 年後の 1986（昭和 61）年に軽井沢に、8 年後の 1990 年に東京都内にレストラン・カフェを開業しました。現在は東御市に本店とレストラン、軽井沢にピッツェリア・カフェ 2 店舗と売店 2 店舗、南青山にレストラン・カフェ 1 店舗、名古屋に売店 1 店

舗を構えています。

　製造したナチュラルチーズを単にテーブルチーズとしてだけではなく、チーズ加工品にして提供するスタイルは、最もチーズの魅力を引き出す、アピール力が強い方法です。ファンのニーズを敏感にキャッチし、いち早く形にした松岡夫妻の行動力は着実に「チーズを通して食事を楽しむ文化」を広めていくことになりました。そしてさらに、そこで食事をした人たちがチーズ料理などを通して、工房のナチュラルチーズを知り、より強固なファンとなってチーズを買いに通ってくれるようになったそうです。

　一方、ナチュラルチーズのラインナップも、ファンの要望をヒントに広げていきます。「食べやすいブルーチーズを」という声から、ブルーチーズと白カビタイプのチーズをコラボレーションさせた、まったく新しい「カマンブルー」というチーズを、「力強いチーズを」という声から、ワインの搾り滓から作る蒸留酒（マール）でチーズを洗って仕上げる「マールウォッシュ」という本格的な味わいのウォッシュチーズを、製造、販売していきました。

　現在はフレッシュタイプから、パスタフィラータタイプ（モッツァレラ）、白カビ、ウォッシュ、青カビ、セミハードタイプと豊富な種類を誇っています。原料のミルクもホルスタイン種やジャージー種の牛乳を、チーズの特徴や個性に合わせて使い分けています。従業員も徐々に増え、チーズ作りの技術もしっかり伝承されています。

新しい体制でスタート

　2015年末、創業者の松岡夫妻はそれぞれ名誉会長、会長に就任し、経営と製造の一線から退きました。現在は外部から新たな経営者を迎えて、チーズ工房も30代をトップに若

白カビチーズの間に青カビ
チーズを挟んだ「カマンブルー」
(1600円／160g箱入り)

同郷のワイナリーで作るマー
ル酒で洗いながら熟成させて
いる「マールウォッシュ」(1100
円／100g当たり)

Atelier de Fromage ● 長野県東御市

いパワーがみなぎる新体制でスタートしています。しかし、新体制になっても、創業者の「チーズを通して食事を楽しむ文化」という理念は引き継がれ、手作りチーズ工房の草分けとして、トップを走り続けるスピードは減速していません。今ではアトリエ・ド・フロマージュのナチュラルチーズ、チーズを使ったケーキや料理は、多くの人に認知され、ファンも増えました。

そして、その存在をさらに大きくアピールする機会が訪れます。「ブルーチーズ」が2014年の「Japan Cheese Award」で最高賞のグランプリを受賞し、翌年にはフランスの国際的なチーズコンテスト「Mondial du Fromage」でも最高賞を取ったのです。受賞により、最近はチーズの製造が注文に追いつかない事態が生じているとのこと。十分な数量を提供できるように製造量の増産が急務となっているそうです。

チーズメーカーの育成

まずは工房のキャパシティを広げるべく、2016年に工房を増築しました。そしてチーズメーカーを育てることにも力を入れています。いくら生産する場所を大きくしても、実際にチーズを作る人間が不足していては、手作りの工房は稼働できません。受賞したブルーチーズの開発者でもあるリーダーの塩川和史さんを中心に、新人の育成を行っているそうです。

塩川さん自身も、最高賞を取ったブルーチーズの開発のため、自分の理想とするチーズのイメージを固めようと、これまでに数多くの海外のブルーチーズを試食して研究を重ねました。当時は国内で本格的なブルーチーズを製造する工房がなかったので、製造のヒントを探して文献を読み、インターネットで情報を集めて、何度も試作を繰り返しました。繰り返し試作をすることによって勘どころをつかみ、マニュアルにはな

い気づきや変化を感じ取り、そして独自の製法を編み出していったそうです。こうして賞を取ったチーズですが、塩川さんは今でも改良を加え続けているとのこと。また一方で、さらに味わいの深い、通好みのブルーチーズの開発にも余念がありません。

　塩川さんは「ただ製法通りに作るのではなく、チーズに向き合い、自分自身で納得するものを作る工夫ができるようになってもらいたい」という気持ちで後進の指導をしています。生きている微生物を相手に、日々状態の違うミルクで一定以上のクオリティのチーズを作り続けることは、長年チーズ作りをしている人でないとなかなか難しいものです。単純に若手のチーズメーカーが増えたからといって、すぐに増産できるものでもないので、注文に応える十分な数量を揃えるにはまだまだ時間が掛かりそうです。

　新生「アトリエ・ド・フロマージュ」を担う、若い経営者とチーズメーカーたちが、創業者の理念を今後どのように表現していくのか、注目し、応援していきたいです。

> **工房からのメッセージ**
>
> 当工房の「ブルーチーズ」はブルーチーズが苦手という方にも食べやすいよう、特有の刺激や塩気を抑え、うま味だけを強めに出すことを考えて作り上げたチーズです。今までブルーチーズが苦手、食べられないという方もぜひ一度お試しください。ブルーチーズの概念が変わると思います。（塩川和史さん）

「Mondial du Fromage」で最高賞のスーパーゴールドを受賞した塩川和史さん

（P118 写真提供：Atelier de Fromage）

Atelier de Fromage ● 長野県東御市

長野県・佐久市

ものづくりの垣根を越えて

Bosqueso Cheese Lab.（ボスケソ・チーズラボ）

新規参入の工房ながら、長野県佐久市で「チーズを通じた地域貢献」という大きなミッションを掲げて、地元の酒蔵や土地の農作物を使うレストランのシェフとタッグを組み、東信地区の豊かな恵みを発信しています。

Data　長野県佐久市春日2208-2
　　　[tel] 050-1170-2575　http://www.bosqueso.com

●創業年／2016年　●工房の形態／レティエ　●工房の見学／不可
●原料乳の獣種／牛（ホルスタイン種）、山羊（日本ザーネン種）　●チーズの購入方法／直売所の店頭、メール、電話、FAXでの通信販売、または小売店店頭で　●工房の直売所／[営] 10時〜17時30分、月・金曜休

Bosqueso Cheese Lab. のおいしいチーズ

こんなふうに味わいたい
お酒が飲みたくなるチーズ。そのまま、大吟醸などの香り高い日本酒や、酵母の香る濁り系の日本ワインと。

MIMAKI
700円（90g） 酸凝固
ホールサイズ ø8×H2.5cm（円盤形）、90g
原料乳 牛（ホルスタイン種） 熟成 0.5カ月

原料となる生乳が近隣にある「御牧ヶ原（みまきがはら）」の酪農家のものということで、その地名がチーズの名前となっている。また同じ製法で、同郷の日本酒の酒蔵の蔵付き酵母や乳酸菌などを使った「MIMAKI (kimoto)」もある。

● テイスティングコメント

「ミルクの甘さが際立つ塩加減で、雑味がなくうま味が凝縮している」（佐藤）「ねっとりとした口当たり。丸みのある香り。熟成の良さを味わってほしいチーズ」（吉安）「ほのかな酸と優しい甘さ、ほどよいうま味。バランスの取れた味わいが、口の中でバニラアイスのようにとろけていく」（柴本）

こんなふうに味わいたい
そのままでおつまみに。赤ワインや、フレッシュな生原酒や純米酒などの日本酒と。

KASUGA
2200円（220g） ウォッシュ
ホールサイズ ø8×H5.5cm（円柱形）、220g
原料乳 牛（ホルスタイン種） 熟成 1.5カ月

名前は工房のある「春日」という地名から。牛乳製の酸凝固タイプのチーズを春日温泉の温泉水で洗って仕上げるウォッシュタイプのチーズ。ねっとりとした食感、ほどよい塩味で日本酒、ワインと、合わせるお酒の幅は広い。

● テイスティングコメント

「鮮やかなオレンジ色の外皮。ふくよかでウォッシュチーズらしい強さがある。焦点の合った塩味。外皮のほのかな苦味が、味わいに深みを与えている」（佐藤）「ほどよい塩味。皮の厚みと中身のねっとりとした口当たりのハーモニーを楽しみたい」（吉安）「ねっとりとした食感。甘味とうま味が混然一体となってとろけていく」（柴本）

Bosqueso Cheese Lab. ● 長野県佐久市

こんなふうに味わいたい
ジャムや蜂蜜などの甘味を添えてデザートに。青シソの上に盛りつけて、醤油をたらしておつまみにも。

MIMAKI Frais
500円（125g） フレッシュ

ホールサイズ ø8×H2.5cm（円盤形）、125g
原料乳 牛（ホルスタイン種） 熟成 なし

前出のMIMAKIの熟成前のフレッシュなチーズ。酸凝固のチーズは熟成前のものから熟成させたものまで、どの段階でも食べることができる。爽やかな風味が好みであれば、こちらがおすすめ。乳酸の酸味と素材のミルクの味がダイレクトに感じられる。

●テイスティングコメント
「爽やかな酸味となめらかな口溶け。まるでフロマージュ・ブランを固形化したようなクセのない、万人に愛されるタイプ」（佐藤）「素材そのものの味わい。料理やお菓子の素材として幅広い用途に可能性を感じる」（吉安）「酸味と甘味のバランスが良く、ミルクの余韻が心地よい」（柴本）

こんなふうに味わいたい
そのままおつまみとして、純米酒や甲州ワイン、フルーティな赤ワインと合わせて。

MOCHIZUKI
800円（90g） 白カビ

ホールサイズ ø8×H2.5cm（円盤形）、90g
原料乳 牛（ホルスタイン種） 熟成 1カ月

酸凝固タイプのチーズに白カビを付けて熟成させている。外皮に近いところからとろりと柔らかく熟成し、中身は絹のような繊細な口当たり。高さが2倍の「MOCHIZUKI Large」もある。

●テイスティングコメント
「クリーミーでまろやかなミルクの味わい。塩加減が絶妙」（佐藤）「柔らかい口当たりの表皮。雑味のない素直な味わいとミルクの持つボリューム感がある」（吉安）「まるでバニラアイスのようなテクスチャー。中心部の優しい味わいと外皮下の白カビが作る風味の違いが楽しい」（柴本）

チーズ工房紹介

「森のチーズ」工房

　千曲川の上流に位置する、豊かな土壌が広がる佐久平。八ヶ岳山麓に向かって延々と続く田舎道を登っていった先の人里離れたところに、2016年12月に「Bosqueso Cheese Lab.（ボスケソ・チーズラボ）」というチーズ工房が誕生しました。スペイン語で「bosque（ボスク）」は森のこと、「queso（ケソ）」はチーズのことを意味します。「森のチーズ」というだけあり、緑の豊かな沢沿いにあります。

　この工房を立ち上げたのは、是本健介さん。実は私の7年来の友人で、知り合った頃にはチーズ作りを生業にすることなど、まだ本当に「できたらいいなぁ」くらいの軽い願望でしかなかったのではないかと思います。私も、まさか彼が、勤めていた自動車メーカーを中途退職してまったく畑違いの道を進む決心をするとは、想像もしていませんでした。

　子どもの頃から料理をするのが好きで、ものづくりが好きな少年だったそうです。大学時代には工学を専攻し、卒業後、車を設計・テストし、開発する自動車メーカーの技術者として就職しました。働きだしてしばらくすると、それだけでは飽き足らず、「ものづくり関連の経営」をしたいと考えるようになり、30代後半にビジネススクールで経営を学びました。しかし、まだその時点では、勤務先の会社の経営企画部にでも転属できたら……というくらいに考えていたといいます。

　もともと料理が好きだった是本さんが、カルチャーセンターのチーズ講座に通い始めたのは、ふとしたきっかけからでした。しかしチーズの種類の多さ、味わいの深さを知るほどに興味は深まり、やがてチーズプロフェッショナル協会の資格

Bosqueso Cheese Lab. ● 長野県佐久市

認定試験にチャレンジするまでになり、ナチュラルチーズの世界に魅了されていきました。認定資格を取得した後に参加した「チーズの評価プログラム」のセミナーで、チーズの製造過程の違いや、微生物の働きと酵素活性の作用でその質感と味わいが変わることなどを深く知ったことで、チーズ作りに対しての興味が、ムクムクと湧き上がってきたとのこと。

会社の長期休暇には「共働学舎新得農場」（P40）へ短期研修に行って製造を体験し、さらに週末ごとに自宅のキッチンでチーズの試作を繰り返すようになりました。チーズ作りの面白さと同時に難しさを体験していくうちに、いつしか趣味の域を超えて、自分でチーズ工房を経営したいという夢を描くようになりました。

素晴らしい酪農家との出会い

是本さんは福岡県出身の九州男児ですが、自宅は奥さんの縁で長野県佐久市にありました。隣接する東御市の御牧ヶ原（みまきがはら）にある酪農家の乳質が素晴らしいという情報を得た是本さんは、チーズの試作用にそのミルクを少量分けてもらいました。「小林牧場」という40代前半の若い夫婦が営んでいるその牧場は、毎日、牛1頭1頭の乳質のデータをしっかりと管理し、牛の体調によって餌の配合をそれぞれ変えるという細かい世話をしています。またそのような牛の生理本位の飼い方によって、10歳を超えてなお健康な牛からしっかり搾乳ができています。

そして小林牧場のご夫婦は、ひとたび飲用乳として出荷すれば、どこでどういう牛乳になって製品化されるか分からなくなってしまう自分たちのミルクを、チーズという形で食べることができることに大変感動したそうです。このミルクで自分のチーズを作りたいという思いを強く持った是本さんは、チーズ

工房が立ち上がるまでの期間、小林牧場で酪農の研修として、実際に仕事を手伝わせてもらいました。そこでご夫婦の朝5時から夜10時まで、常に牛のことを考えて仕事をしている姿勢に触れ、強く感銘を受けたそうです。効率ではなく、手間と暇をかけて乳質にこだわる素晴らしい酪農家との出会いが、より良いチーズを作るためには妥協を許さないという強い決意にもつながっていきました。

地元の活性化へつながる活動を

ボスケソでは、パスタフィラータ系のチーズ、酸凝固タイプをベースとした4種類のソフト系のチーズ、セミハード系のチーズと、ホエイからリコッタやホエイジャムなどを作っています。開業したばかりの工房ですが、これらはすべて作った先から売れてしまうとのこと。それは工房を作る準備と並行して、地元のレストランやパン屋など、食関係の職人とのつながりを強めていく機会に恵まれたからだそうです。彼らの口コミによって、地元佐久近郊の人たちが、わざわざ人里離れた工房にまで買いに来てくれて、地元の食材として是本さんのチーズを使うシェフたちが増えているのです。

佐久は長野県の東部、いわゆる「東信（とうしん）」といわれるエリアにあり、東には軽井沢、千曲川沿いにはワイン特区である東御市や上田市などがあります。盆地で寒暖差が大きいこともあり、果樹や野菜の栽培、稲作など農業が盛んな土地です。是本さんいわく、農作物のバラエティも豊かで、おいしい日本酒をはじめとする発酵食品もたくさんあり、食に関しては非常に高水準なエリアにもかかわらず、地元の人はその価値にあまり気付いていないとのこと。

是本さんがチーズを試作し始めた頃、ある農業体験会で出会った料理人に、地元の若い職人集団（料理人、造り酒屋、

パン職人など）のグループの会合に、自作のチーズを持って参加しないかと誘われました。そのことがきっかけで、佐久の魅力あふれる農産物をもっとPRして盛り立てていこうという地域活性の活動を立ち上げていくことになりました。このグループのメンバーは、40代後半の是本さんより少し若い世代。ものづくりに対する真剣な姿勢と、地元を盛り上げようという熱いエネルギーに満ちあふれている仲間です。

　是本さんは「例えば、野菜、米など食材単品でのPRではあまり訴求力がないけれど、料理やパンなど加工品にする職人が力を合わせていけば、商品を買ってもらったり、地元に足を運んでもらったりと、影響力をより強く発揮することができるんです」と言います。そうして「ものづくり関連の経営をする」という目標のほかに、「チーズを通して地域貢献をする」という大きなミッションも同時に動き出しました。

これからのボスケソ

　搾りたてのミルクを小林牧場に取りに行き（集乳も自身で！）、朝9時半に仕込み始めるため、日によっては型詰め、反転という作業のタイミングが、夜中の3時までかかることもあり、工房に泊まり込みになる日もあるとのこと。そこまでして品質にこだわる理由は、「彼らのミルクを無駄にはできない」という思いが強いから。キッチンという小さなスペースで少量のチーズを作っていた時とは違い、新しい工房ではひとりで120ℓのミルクから180個ものチーズの製造、そしてきめ細かい熟成管理と、作業場の環境作り、そしてガラリと変わった自身の生活リズムの調整など、まだ無我夢中という段階だそう。

　春から秋にかけては佐久にある「家畜改良センター長野支場」の山羊乳を使ったシェーヴルチーズの製造も行っています。当面の目標はチーズの品揃えを徐々に充実させることと、

今のチーズをさらに良くするためにチューンナップをしていくこと。そして将来はヨーロッパの田舎にあるような、地元の人たちが日々買いに来る地域に密着した工房になっていきたいとのこと。チーズ工房を営みながらも、地元の生産者や職人たちと手を携え、佐久に来ないと出会えない、食べることができない、そんな地域ならではの産物と場を作っていきつつ、魅力を伝える活動をしていきたいと語ってくれました。

常に広い視野と大きな目標を持つ是本さんにとって、念願のチーズ工房を開いたことはゴールではなく、まさにこれからの人生のスタートなのでしょう。作り出すチーズのなかに彼の個性を表現していきながらも、職人仲間とともに佐久地域のブランディングという大きな表現を模索していく、彼の今後の活躍が楽しみです。

> **工房からのメッセージ**
>
> 地元佐久地域の地域資源に着目した信州独自のチーズを多数作っています。例えば、アルカリ性の温泉水はウォッシュに、塩の温泉水はモッツァレラの保存液に、地元の日本酒の酒蔵の乳酸菌を発酵に用いたり、ワインブドウの搾り滓でチーズを漬け込んだりといった具合に。ボスケソ周辺には日本酒蔵、ワイナリー、クラフトビールの工場が多々あります。お立ち寄りの際には、チーズとこれらの地酒の相性を試してみてください。（是本健介さん）

元自動車メーカーの技術者だった是本健介さん。F1レースのメカニックを意識した斬新なユニフォーム

Bosqueso Cheese Lab. ● 長野県佐久市

> 長野県・木曽町

Made in NAGANO のチーズを目指して

H.I.F 開田高原（かいだこうげん）アイスクリーム工房

工房のスタートは開田高原の酪農家のミルクを使ったアイスクリーム作りからでしたが、チーズ製造を始めて20年近く経ち、その実力は徐々にチーズのファンにも知られるようになってきました。

Data　長野県木曽郡木曽町開田高原末川4411-9
　　　tel 0264-42-1133　https://www.hif.jp

●創業年／1999年　●工房の形態／レティエ　●工房の見学／不可
●原料乳の獣種／牛（ホルスタイン種、ジャージー種）　●チーズの購入方法／工房の直売所、オンラインショップ、メール、電話、FAXでの通信販売。なお、「大きなチーズ」は予約が必要　●工房の直売所／営 10〜17時、1〜3月は火曜休、4〜12月は無休

H.I.F 開田高原アイスクリーム工房の おいしいチーズ

こんなふうに味わいたい
クラッカーに塗って、燻製や塩辛、沖漬け、魚卵の醤油漬けなどをトッピングしておつまみに。

クリームチーズ
785 円（125g） フレッシュ
原料乳 牛（ホルスタイン種）　熟成 なし

とろりとした柔らかい組織のクリームチーズ。芳醇なミルクの風味が特徴で、舌触りはなめらか、口溶けも良い。アレンジの幅があり使い勝手がいい。

●テイスティングコメント
「真っ白でつやのある外観。ホイップクリームのようにふわっとしてなめらか。コクと甘味が優しい酸味と調和するしっかりとした味わい」（柴本）

こんなふうに味わいたい
薄切りにしてバゲットに挟み、グリーンリーフを添えて黒コショウをひと振り、コーヒーと一緒に朝食に。

大きなチーズ　※要予約。主に業務用としてホールでのみ販売。
900 円（100g 当たり）　白カビ
ホールサイズ ⌀20 × H3cm（円盤形）、800g
原料乳 牛（ホルスタイン種）　熟成 1.5 カ月

名前の通り直径が大きく、ひとつが 800g もある白カビチーズ。国産の白カビチーズは 100g 前後の小ぶりなものが多いなか、このサイズは非常に珍しい。

●テイスティングコメント
「白カビのマッシュルームのような香りが強い。穏やかだが適度に効いた塩味がミルクの甘味を引き立てる、バランスの良い味わい。雑味がほとんどない」（佐藤）

こんなふうに味わいたい
朝食に、入れたてのブラックコーヒーのおともに。クラッカーの上にのせてカナッペにも。

カマンベールチーズ
775 円（110g）　白カビ
ホールサイズ ⌀8.5 × H2.5cm（円盤形）、110g
原料乳 牛（ホルスタイン種）　熟成 3 週間

食べきりサイズの白カビチーズ。熟成の段階で生地の具合や風味の強さが変わってくるが、総じて穏やかで食べやすい。

●テイスティングコメント
「小ぶりで手に取りやすいカマンベールチーズ。外皮のコクやうま味、とろっと柔らかい中身の穏やかな味わいとのコントラストを楽しんで」（吉安）

チーズ工房紹介

酪農家と農家が造ったアイスクリーム工房

　長野県の開田高原は、岐阜県の県境にほど近い、御嶽山(おんたけさん)の北東山麓に位置する自然に囲まれた高原地帯です。標高は1000m、JR中央線の木曽福島駅から20km山に入ったところにあります。このあたりは長野県でも5本の指に入るほど冬の寒さが厳しく、気温が氷点下20度に下がる日もあるとか。その寒い冬にはスキー客が、爽やかな初夏から夏にかけては登山客や湯治客などが、自然を求めて訪れます。

　そんな開田高原には、これという特産物や名物がなかったことから、1999年、当時の開田村（現在は木曽町開田高原）の3軒の酪農家とトウモロコシ農家、ブルーベリー農家の合計5軒の農家が協力し、農業補助金制度を利用して、アイスクリーム工房を立ち上げました。その名は「H.I.F 開田高原アイスクリーム工房」。H.I.F は「Highland Icecream Factory」の略です。このアイスクリーム工房では地元産の牛乳を使って、トウモロコシやブルーベリーを混ぜ込んだアイスクリームやソフトクリームを製造して販売しています。売店には、週末はもちろん平日でも多くの客が訪れ、町のランドマーク的なスポットとなっています。

2001年からチーズ作りを開始

　そのアイスクリームのメニュー開発を依頼されたのが、地元の木曽出身で、当時はホテルで洋食の料理人をしていた斉藤信博(さいとうのぶひろ)さん。工房の立ち上げの時に、その経験を買われてアイスクリームの開発者兼製造担当者となりました。

　アイスクリーム工房の評判は良く、2年後にはチーズ、バ

ター、ヨーグルトなどの乳製品の製造を開始することになりました。料理人だったとはいえ、乳製品の製造に関しては、ほとんど知識がなかった斉藤さんは、宮城県の「蔵王酪農センター」のチーズ研修会に参加し、モッツァレラやゴーダなどの製造の基礎を習い、北海道の大手乳業メーカーのOBで、チーズ製造のアドバイスをしている人に教えを請いに出向くなどして、チーズの作り方をマスターしていきました。

　チーズの原料は、この工房の出資者のひとりである酪農家の萬谷宏(まんたにひろし)さんの牧場の生乳を使用しています。萬谷さんは乳質のコンテストで県知事賞を取るほどの酪農家です。ホルスタイン牛とジャージー牛の混合した生乳を使用しており、通常の牛乳より乳脂肪分が高いことから、濃厚な味わいの乳製品が出来るとのこと。

　斉藤さんがまず手掛けたチーズは、一般に食べやすく人気も高いゴーダ、モッツァレラ、カマンベール。そして、ホテルの料理人時代の経験から、レストランやケーキ店などのニーズが必ずあると感じたクリームチーズを作ることにしました。

研究を重ねて国産チーズの最優秀賞を受賞

　最初はなかなか思うようなチーズが作れず、ずいぶん苦労をしたそうですが、ゴーダとモッツァレラは、研修で習ったレシピをもとに自分なりの研究を重ねて、今のチーズが誕生しました。カマンベールは、ミルクに加える微生物などを選別することで、風味は穏やかでありながら、苦味などの雑味が出にくいチーズを仕上げることに成功したそうです。

　チーズ作りの教科書を参考に、独自に開発した「クリームチーズ」は、豊かな乳脂肪分を生かしつつ、通常のクリームチーズより柔らかなオリジナリティのあるものとなりました。この「クリームチーズ」が2009年に開催された「第7回 ALL

H.F 開田高原アイスクリーム工房　●　長野県木曽町

JAPANナチュラルチーズコンテスト」で「中央酪農会議会長賞」（実質の第4位）を受賞し、工房の存在と実力が日本のチーズ業界に知られることとなりました。そして2015年の第10回の同コンテストでは、定番の「カマンベール」をアレンジしてサイズを大きくした、その名も「大きなチーズ」が「農林水産大臣賞」（最優秀賞）に選ばれました。

　現在、開田高原アイスクリーム工房では、アイスクリームを中心とした乳製品の製造をしています。会社設立当時から製造を担当している斉藤さんは、今もすべての乳製品の製造を統括しながら、チーズの製造についてはたったひとりで担当しているそうです。今後はチーズの製造を任せられるスタッフを育て、もう少しチーズの生産量を増やして、より多くの人にその味を知ってもらいたいとのこと。そしてこの目標の先には「もうひと回りも、ふた回りも大きな野望がある」といいます。

さらに大きな夢に向かって

　長野県では2002年から「長野県原産地呼称管理制度」が始まっています。品質の高い農産物や農産物加工品に対して認証を与えることによって、長野県の優れた農産物をアピールする制度です（いわゆる長野県におけるA.O.C.制度のようなもの）。現在はワイン、日本酒、米、焼酎、シードルが対象となっていますが、将来的にはチーズなど長野県産の乳製品も加えてほしいと斉藤さんは考えているのです。

　長野県にはナチュラルチーズを製造するチーズ工房がいくつかありますが、「長野県産のナチュラルチーズ」としての知名度やブランド力があるとはいえません。それはチーズ工房が広い県内に散らばって存在しているということや、小規模な工房が多く発信力が弱いこと。そしてそれぞれの工房が独立独歩で経営していて、横のつながりがないということが要因とし

て挙げられるでしょう。そして何より、長野県にはチーズファンの間では人気の高いチーズ工房がいくつもあり、その品質の高さは国内外のチーズコンクールで実証されているという事実が、一般の人たちはもとより、長野県の職員にさえも知られていないことが原因だと斉藤さんは感じています。

　今後、チーズも長野県の優れた農産物として認知してもらい、原産地呼称管理制度に加えてもらうべく活動をしていきたいとのこと。そのためにも、高い志を持つ県内のチーズ工房同士でタッグを組み、長野県産のナチュラルチーズの知名度を上げていきたいと熱く語ってくれました。

　近い将来、斉藤さんの夢がかなって、ナチュラルチーズが長野県の原産地呼称管理制度に加わり、ワインや日本酒とともに長野の優れた産物として人々に知ってもらえたら……と思います。そして長野でナチュラルチーズを作りたい、さらには良いチーズを作るために高品質なミルクを生産したい、という人が増えることを熱望せずにはいられません。私たちも国産ナチュラルチーズファンとして、できることを考えなければ、と斉藤さんの話を聞きながら強く感じました。

● **工房からのメッセージ**
標高1000mで育った牛のミルクを使用し、大切なミルクの味を十分に引き出すことを考え、製造をしています。（斉藤信博さん）

工房のすべての乳製品の製造を統括している斉藤信博さん

エロF開田高原アイスクリーム工房 ● 長野県木曽町

> 島根県・雲南市

乳業メーカーが手掛けるチーズ

木次乳業
(きすきにゅうぎょう)

1960年代から農薬、化学肥料を使わない餌作りに取り組み、輸入穀物飼料の使用を極力減らした酪農を行う乳業会社。「人の健康を実現する」というスローガンのもと、親しみやすい優しい味わいのチーズを作っています。

Data　島根県雲南市木次町東日登 228-2
　　　tel 0854-42-0445　http://www.kisuki-milk.co.jp

●創業年／1962年　●工房の形態／レティエ　●工房の見学／可
●原料乳の獣種／牛（ホルスタイン種、ブラウンスイス種）　●チーズの購入方法／オンラインショップ、およびデパートや小売店店頭で　●工房の直売所／なし

木次乳業のおいしいチーズ

こんなふうに味わいたい
2cmほどの厚さにカットし、フッ素樹脂加工のフライパンで両面を焼いてチーズステーキに。

プロボローネ
1800円（380g）　パスタフィラータ
ホールサイズ ø9×H7cm（球形）、380g
原料乳 牛（ホルスタイン種）　熟成 3週間

木次乳業のロングセラー商品。パスタフィラータのチーズを3週間熟成させ、地元の桜のチップで燻製。食べきりサイズの「プロボローネ ピッコロ」もある。

●テイスティングコメント
「優しいミルクの風味に寄り添う燻製の香り。適度な歯応えとサクサク、もっちりとした食感。味のバランスが絶妙で食べ飽きしない」（佐藤）

こんなふうに味わいたい
香りを立たせるために薄くスライスして。味が凝縮しているので、小さめのカットで提供したい。

オールドゴーダチーズ
2500円（200g）　非加熱圧搾
ホールサイズ ø32×H12cm（円盤形）、約10kg
原料乳 牛（ホルスタイン種）　熟成 12カ月

オランダのゴーダチーズの製法を忠実に再現したセミハードのチーズを12カ月以上熟成。水分がほどよく残り、味噌玉のような強いうま味が感じられる。

●テイスティングコメント
「美しいクリーム色とフルーティな香りが魅力的。じゃりっとした食感とすっとした口溶けが心地よく、うま味たっぷり」（吉安）

こんなふうに味わいたい
このままブロック状にカットして、フルーティな赤ワインと一緒に。

コラエダネカ
非売品　非加熱圧搾
ホールサイズ ø32×H14cm（円盤形）、約10kg
原料乳 牛（ホルスタイン種）　熟成 6カ月

内部に大きなガスホールがいくつも空いたハードタイプのチーズ。名前は島根の方言で「これはいいなぁ」という意味から。地元オリジナルの菌を使用。安定的な生産に向けて研究中。非売品（参考商品）。

●テイスティングコメント
「優しくフルーティな香り。うま味と塩味のバランスが良く、独特の心地よい苦味もある」（柴本）

木次乳業 ● 島根県雲南市

チーズ工房紹介

チーズの原料は「生乳」
　日本で牛乳が飲まれるようになったのは明治維新以降です。とはいっても、当時は乳文化のある国からやって来た「お抱え外国人」といわれる人たちが飲んでいた、といったほうが的確かもしれません。日本の食卓に上るようになったのは、第二次世界大戦後の学校給食に脱脂粉乳、そして牛乳が登場するようになってからでしょう。その頃から日本では多くの乳業メーカーが牛乳を製造するようになりました。わざわざ「牛乳を製造」という書き方をしましたが、実は牛乳は「乳製品」なのです。牛から搾乳したままのミルクのことを「生乳」と呼び*、それを原料として、あらゆる乳製品は作られます。チーズやヨーグルトはもちろんですが、牛乳も立派な乳製品です。加熱殺菌し、場合によっては乳成分を調整し、パッキングして商品として出荷します。この加熱殺菌は、搾乳時にどうしても入ってしまう細菌に汚染されないようにするのですが、その方法にはいくつか種類があるのをご存じでしょうか？

*「乳及び乳製品の成分規格等に関する省令」より

牛乳の加熱殺菌法
　食品の加熱殺菌は、フランスのルイ・パスツールによってワインの殺菌法として導入された「パスチャリゼーション」が有名ですが、これは牛乳にも応用されています。63度30分（あるいは72度15秒）の加熱で、乳中の微生物を完全に死滅させるのではなく、害がない程度に減少させる殺菌法で、「低温殺菌法」ともよばれています。
　日本では昭和30年代に大手乳業メーカーが導入した「超

高温殺菌法（UHT）」（圧力をかけた状況下での130度2秒の加熱）が主流となり、市販されているほとんどの牛乳はこの方法で加熱殺菌されています。そういうこともあってか日本ではどのような方法を用いても「生乳を殺菌すること＝パスチャリゼーション」と誤解した認識が広がっているようです。

　いずれの殺菌法にも一長一短があり、どちらが優れているかということは一概にはいえませんが、乳中の成分が熱により変質しにくいのは「パスチャリゼーション」です。しかし時間と手間が掛かるだけではなく、搾乳した際に細菌数が少ない品質の良いミルクでなくてはできないため、大量生産には向きません。それでも、本来の風味や栄養を大切にしたいと考える乳業メーカーはこちらの製法を用いています（ちなみにチーズ製造には、タンパク質やカルシウムが変性していない「低温殺菌乳」を用います）。

　この低温殺菌法を用いて製品化したパスチャライズド牛乳を日本で最初に販売した乳業メーカーが「木次乳業」です。

こだわりのパスチャライズド牛乳

　木次乳業は平野部が少ない中山間地にあります。1950年代にこの地区の酪農家が集まって、共同で牛乳の加工販売をするところから始まった、いわば地域に根ざした乳業会社です。創業時の代表の佐藤 忠吉さんたちが農薬や化学肥料を大量に使う最先端の農業の矛盾にいち早く気付き、この地域の農家たちは1960（昭和35）年頃から農薬、化学肥料をなるべく使わない餌作りを始めました。さらには海外から輸入する穀物飼料に100％は頼らない、できる限り自前の餌を与える自立した酪農に取り組みました。さらに1989年には山間地に牛を放牧する「山地酪農」を実践すべく、日登牧場の経営を開始しました。

今、牧場には山間部の放牧に向いているブラウンスイス牛が約60頭おり、勾配のきつい山の斜面を毎朝登り、それぞれが気の向くままに草を食んでいます。山にとっても、人の手をかけず放置しているより牛などを放牧するほうが環境保全につながるとのこと。山地酪農は中山間地というこの地域の特性を生かした、牛にも土地にも負荷をかけない、ごく自然な酪農スタイルです。この牧場で搾られるミルクは、「ブラウンスイス牛乳」（もちろんパスチャライズ）として、地元島根県だけでなく、関東や関西地方でも販売されています。しかしこの農場で搾乳できるブラウンスイス牛のミルクは少ないため、残念ながらチーズ製造には使われていないそうです。

「ポップス」のようなチーズを

　木次乳業はごく早い時期からチーズ製造にも取り掛かり、1982（昭和57）年には販売を開始しました。まだ全国にナチュラルチーズを作るところは、大手メーカーを加えても10社もなかった時代です。35年以上経った現在の製造スタッフは6名。作っているのはモッツァレラ、ゴーダ、カマンベールなど日本ではおなじみのアイテムが主力です。ハンドメイドをうたうチーズ工房としては、かなり生産量の多い工房です。

　スタッフで一番のベテランが川本英二さん。チーズ製造歴20年を超える彼に話を聞くと、木次乳業で作るチーズのコンセプトは、「栄養源としてのチーズを供給し、人の健康を実現する」ということ。佐藤忠吉さんの「日本人は魚を食べなくなってきた。カルシウム不足を補うためにも、タンパク質を摂るためにも、チーズを食べればよい」という考えから、チーズ作りがスタートしたそうです。

　そうした理念を体現するために、どのような姿勢でどんなチーズを作っていけばいいのか。川本さんは言います。

日登牧場で放牧されている
ブラウンスイス牛

木次乳業 ● 島根県雲南市

「"健康を実現"するためには、ナチュラルチーズが家庭の食卓に定着することが大切です。まだまだ日本の一般の人たちにとっては、ハレの日のごく限られたシーンでの食べ物という域を超えていないナチュラルチーズを『いつものあの味のチーズが、いつもの場所で売っている』という安心感を持って、日々食べてもらえるようにしなければなりません。地方の中堅の乳業会社の使命は、食べ飽きしない味わい、食べきれるサイズ、そして買いやすい価格帯のナチュラルチーズを量産することだと思います。味のインパクトや見た目の華やかさなど、強い主張を持ったチーズではなく、家庭の食卓になじみ、かつ、簡単に手の届くチーズを一定量作り続けることが使命です」

佐藤忠吉氏がチーズ作りに取り組んだきっかけのひとつが、「パスチャライズ牛乳*を実現できる質の高い生乳があるなら、必ず良いチーズが作れるはずだ」という思いだったというくらい、木次乳業が誇る高品質の生乳が原料ですから、まさに「健康を実現するチーズ」と自信を持って提供できるとのこと。そしてチーズメーカーになる前はロックミュージシャンをしていたという川本さんは、「自分たちのチーズは、ジャンルで言えば『ポップス』であるべき。誰にでも分かりやすく受け入れてもらえる、そして親しんでもらえる間口の広いものでありたい」と音楽に例え、音楽もチーズもいかに技巧を凝らしてこだわって作ったとしても、聴き手や食べ手に「何となく好き」、「いつも聴いていたい」、「また食べたい」という気持ちを持ってもらわなければ意味がないと話してくれました。

*木次乳業では低温殺菌乳を「パスチャライズ牛乳」という商標で販売しています

健康に寄与するために

最近ではチーズの売り上げは伸びているとのこと。その要因のひとつは、20年以上も前からの定番商品で1個380g

もある「プロボローネ」を、100gの食べきりサイズにした「プロボローネ ピッコロ」を販売し始めたこと。価格も1000円以下に設定し、手頃になったことで、想像以上の好調な売れ行きを見せているそうです。サイズダウンをすることによって、チーズを購入するハードルがちょっと下がったのでしょう。

　買い手に喜ばれる方法で、また確実に買い手に届く形で販売することが、結局は「栄養源としてのチーズを供給し、人の健康を実現する」という創業者の思いを形にする唯一の方法なのかもしれません。このプロボローネは桜の名所でもある地元、木次の桜のチップを使って燻製香を付けています。でしゃばりすぎない何ともいいあんばいの燻し加減は、穏やかなミルク風味を損ねることがない絶妙なバランスです。

　「一地方の中堅の乳業会社だけれど、優れた材料で丁寧に作るチーズは、人の健康と健全なコミュニティ作りに寄与している。これからも食べてくれるお客さんのニーズをしっかりとリサーチし、喜ばれるものを作っていきたい」と、控えめながらも熱く語ってくれた川本さん。木次乳業のチーズは親しみやすいなかにも一本芯が通っている、そんな強さが感じられます。

工房からのメッセージ　比較的ライトな風味のプロボローネから極めてストロングスタイルなオールドゴーダまでさまざまな風味のチーズを揃えています。用途やシチュエーションに応じて使い分けて、おいしい笑顔とチーズのある食卓を楽しんでください。（川本英二さん）

製造責任者の川本英二さん

木次乳業　●　島根県雲南市

広島県・三次市

旬の山羊ミルクで作るチーズ
三良坂フロマージュ

家畜たちの幸せを最優先にした酪農を実践すべく、里山に放牧地を切り開いて、山地放牧を実践する酪農家が作るチーズです。幸せな牛と山羊たちのミルクから、独創的でアイデアにあふれたおいしさが生まれます。

松原正典さん（中央）と家族の皆さん

Data　広島県三次市三良坂町仁賀 1617-1
　　　tel 0824-44-2773　　http://m-fromage.com

●創業年／2004 年　●工房の形態／フェルミエ　●工房の見学／不可
●原料乳の獣種／牛（ブラウンスイス種）、山羊（アルパイン種）　●チーズの購入方法／店頭またはメール、電話、FAX での通信販売　●工房の直売所／営 10 〜 17 時、日曜休（臨時休業あり）

三良坂フロマージュのおいしいチーズ

フロマージュ・ド・みらさか・シェーブル
※4〜11月に販売
1190円(70g)　[酸凝固]
[ホールサイズ] ø5×H2cm（円盤形）、70g
[原料乳] 山羊（アルパイン種）　[熟成] 約4週間

山羊のミルクを乳酸菌でゆっくり固めてきめの細かい生地を作り、約4週間の熟成後、柏の葉で巻いて出荷。山羊乳が搾れる春〜秋の限定生産。2015年の「Mondial du Fromage（P13）」で金賞を受賞。

● テイスティングコメント

「爽やかな酸味とシェーヴル特有の風味。ミルク由来の甘味やコクが感じられ、適度な塩味が味わいのボリューム感を広げている。ほんのり香る柏の葉の香りがアクセント」（佐藤）「獣臭はほぼ感じられない。口当たりが優しく後味に酸味」（吉安）「ねっとりと舌に絡みついて、最後はすーっと溶けていく」（柴本）

こんなふうに味わいたい

上品な甘味の蜂蜜を添えて。またはハーブたっぷりのサラダにのせても。辛口の白ワインとともに。

リコッタ
1000円（230g以上）　[フレッシュ]
[原料乳] 牛（ブラウンスイス種）　[熟成] なし

チーズを作る際の副産物であるホエイを原料に作られる、同工房の隠れた一品。輸入物では決して感じられないふわふわとした食感とミルクの甘味がある。良質なミルクと確かな腕前、新鮮さが揃わないと、この感激は味わえないのだろう。

● テイスティングコメント

「ホットミルクのような甘い香り。軽く舌でつぶせるほどの柔らかさ。口溶けも良い」（佐藤）「水分が多くとても柔らかい。ミルクの甘味が口中に広がる。塩味が弱く、食べ続けられる味」（吉安）「なめらかでふわふわした心地よい食感。リコッタにありがちなざらつきがまったくない。ミルクの質の良さを感じる」（柴本）

こんなふうに味わいたい

新鮮なうちに日を置かずに食べきりたい。健康的なおやつとして。または割り醤油で汲み上げ豆腐風に。

三良坂フロマージュ ● 広島県三次市

シェーブル・フレ

※4～10月末に販売

700円(70g) [フレッシュ]

[ホールサイズ] ø5.5 × H3cm（円柱形）、70g
[原料乳] 山羊（アルパイン種） [熟成] なし

前出の「フロマージュ・ド・みらさか・シェーブル」の非熟成のもの。山羊乳を乳酸菌でゆっくり固め、型から抜いて軽く脱水させたフレッシュなチーズ。

●テイスティングコメント

「初めは酸味を強めに感じるが、食べ続けるとほのかな塩味の奥に甘味を感じる」（吉安）

こんなふうに味わいたい 厚めのクラッカーにのせて、レアチーズケーキのようにして。

リコッタ・サラータ・インフォルナータ・フレスカ

1400円(200g～) [フレッシュ]

[原料乳] 牛（ブラウンスイス種） [熟成] なし

前出の「リコッタ」を高温のオーブンで焼いて表面に焦げ目をつけた、焼き豆腐のような外観。焦げ目はカリカリした食感で、カラメルのようなほろ苦さがある。

●テイスティングコメント

「ミルクを煮たような甘い香りと焼き目のプリンのような香り。口溶けが良い」（柴本）

こんなふうに味わいたい 湯煎して40度くらいに温めて味わうと風味が一層引き立つ。

モッツァレラ

500円(100g) [パスタフィラータ]

[ホールサイズ] 100g
[原料乳] 牛（ブラウンスイス種） [熟成] なし

放牧ミルクで作っているため、バターのような黄色味がかった色をしている。表皮は張りがあり、中はジューシー。ミルクの味がギュッと詰まって味が濃い。

●テイスティングコメント

「繊維性がきれいに出来ており、薄い外皮もつやつやして食感がよい」（吉安）

こんなふうに味わいたい 季節の果物と香りの優しいルッコラを添えて塩・コショウをして。

フロマージュ・ド・みらさか

1000円(90g) [酸凝固]

[ホールサイズ] ø7 × H2cm（円盤形）、90g
[原料乳] 牛（ブラウンスイス種） [熟成] 約4週間

放牧牛のミルクを乳酸菌でゆっくりと固めたきめ細かい生地のチーズを4週間熟成させ、柏の葉で巻いて出荷。2015年の「Mondial du Fromage」で銅賞を受賞。

●テイスティングコメント

「酵母の香りとほのかな柏の香り。口の中でとろける繊細で複雑な味わい」（柴本）

こんなふうに味わいたい ホールの状態のまま生ハムで包み、少しとろけるまで加熱して。

チーズ工房紹介

自生する植物を食べて育つ

　三良坂フロマージュの松原正典さんは、2004 年にチーズ工房を立ち上げました。農業系の専門学校を卒業し、アメリカとオーストラリアでの酪農研修を経たのちに、自分の理想の酪農スタイルを実現するべく、三次の地で酪農とチーズ作りをすることに決めたそうです。最初は地元の酪農家の生乳を使い、牛乳製のチーズを製造していましたが、その後、自ら牛と山羊を飼育するようになり、現在では搾乳できる牛が 6 頭、山羊が約 30 頭にまで増えました。

　搾乳できる牛や山羊は、当たり前のことですが「子どもを産んだメス」に限ります。お産をさせて最初の数週間は子どもに飲ませたのちに、ミルクを分けてもらっているのです。それは牛でも山羊でも同じことなのですが、牛は年間を通して繁殖期があるのに対し、山羊は（地域や種類にもよるそうですが）、通常 1 年のうち秋にしか繁殖期が来ません。そして出産は春先に集中します。そのため山羊乳製のチーズ作りは、春から秋にかけてと、期間が限定されています。

　春に工房を訪れると、松原さんの山羊舎には産まれたばかりの仔山羊たちがいっぱいいました。そして母さん山羊たちは、日中は松原さんが切り開いた裏山の放牧場で思う存分食事をします。山羊は草から、木の皮から、木の枝から、何でも食べます。そしてなんと春は、竹林に顔を出したタケノコをむしゃむしゃ食べるのです。自生する植物を食べて、のんびりとストレスなく過ごした山羊たちは、乳量こそ少ないものの、おいしいミルクを出します。食べたものが、からだのすべての材料になりますので、良い餌を食べた山羊から良質なミルク

三良坂フロマージュ ● 広島県三次市

が取れるのは当然です。よく「山羊乳は獣臭い」と言われますが、特別に飲ませてもらったところ、さらりとした口当たりで、ほんのりと甘味が広がり、どこにも山羊乳特有の臭さはありませんでした。

牛も山羊も人も幸せになる酪農を
「自分は牛や山羊が幸せに過ごせる酪農をしたいと強く思いました。そういう家畜からは、生産量は少なくても良質な乳を得ることができるはず。その優位性を生かすには、チーズに加工することがいいのでは、と思ってチーズ工房を立ち上げたのです」

　松原さんがそう考えるきっかけとなったのは、オーストラリアの酪農研修での出来事でした。研修先は1000頭もの牛を飼育している、いわゆる集約型の（合理的な）大農場で、効率よく飼育、搾乳をする超近代的なそのスタイルは、過度に生産性を求めているものでした。

　ある日、松原さんは病死した牛をトラクターで廃棄場へと引っ張っていくことになりました。その時、仲間の牛たちが、それまで聞いたこともないようなうなり声をあげたのだそうです。松原さんは、牛たちが自分たちを生き物として扱っていない人間に対して、強く抗議をしていると感じました。その悲痛な叫び声が「もっと違うやり方があるのではないか」、「自分の理想とする酪農はどのようなスタイルだろう」と自問自答するきっかけとなったといいます。

春に放牧地に生えるタケノコをバリバリ食べる山羊

　こうして、より自然な状態で家畜

を飼い、餌もその土地で育つ植物を与えるという、現代の酪農とは真逆の、昔ながらのスタイルに近い環境が動物には一番いい。その結果として良質な乳が得られるのであれば、それを存分に生かしていきたい。そう考えるようになりました。

　アンチ合理化という信念で、酪農とチーズ作りをしているので、さぞかし負担が大きいだろうと思いきや、「確かに手間暇は掛かるけれど、負荷が掛かりすぎない程度に仕事をしている」とのこと。自らの許容範囲の中で無理なく生産し、家族や家畜が健康でいられるラインをしっかり守っているという印象を受けました。

工房からのメッセージ　当牧場では、家畜の幸せや食の安全に配慮した、地球に優しいチーズ作りを目指して、土作り、草作りから行い、家畜を育てています。「純国産チーズ」を味わってください！（松原正典さん）

工房裏の山間地に放牧される牛と山羊たち。季節ごとに里山に生える植物を食べる

三良坂フロマージュ●広島県三次市

佐賀県・嬉野市

酪農で「嬉しい」を目指すチーズメーカー

Nakashima Farm（ナカシマファーム）

大学で学んだ「まちづくり」を、酪農の現場で実現するべく立ち上げられたチーズ工房。地域の活性化を目指す若き作り手によるチーズは、ナチュラルチーズになじみがない地元の人たちにも喜ばれる優しい味わいです。

チーズ工房を立ち上げた中島大貴さん（右）とお母さんと妹さん

Data　佐賀県嬉野市塩田町真崎1488
　　　tel 090-5293-8680　http://www.nakashima-farm.com

●創業年／2012年　●工房の形態／フェルミエ　●工房の見学／可　●原料乳の獣種／牛（ホルスタイン種）　●チーズの購入方法／工房隣接のショップ、オンラインショップ、道の駅や直売所　●工房の直売所／営 10～16時、不定休（※15時から1時間限定で、出来たてのモッツァレラを販売する「特別販売日」あり。特別販売日と休業日は随時公式ウェブサイトに掲載）

Nakashima Farmのおいしいチーズ

〜熟成のまち〜五町田ゴーダ

583円(100g)　[非加熱圧搾]

[ホールサイズ] ∅28×H12cm（円盤形）、6.5kg
[原料乳] 牛（ホルスタイン種）　[熟成] 4カ月

「五町田」とは工房がある嬉野市にある地名。地元の人たちが笑顔になるチーズを作っていきたいという願いがネーミングにも表れている。4カ月熟成をさせたセミハードチーズは子どもからお年寄りまで幅広く楽しめる穏やかな味わい。

● テイスティングコメント

「雑味がなく穏やか。ほのかな酸味とうま味があり、食べ応えがある。プロセスチーズに慣れた人でもすんなりと受け入れられ、しかもナチュラルチーズの奥深い味わいを楽しめると思う」（佐藤）
「クリーム色の生地がきれいで、苦味や渋みなどの雑味がほとんどなく食べやすい」（吉安）

こんなふうに味わいたい

薄くスライスしてパンにのせて焼き、チーズトーストに。コーヒーやほうじ茶、温かいお酒と合わせて。

うれしのフロマージュ

416円(150g)　[フレッシュ]

[原料乳] 牛（ホルスタイン種）　[熟成] なし

自社のミルクのおいしさをダイレクトに伝えたいという気持ちから生まれたフロマージュ・ブラン。時間を掛けてゆっくりミルクを発酵させて、水分をしっかり抜き、ふんわりとホイップ状に仕上げている。2018年の「Japan Cheese Award」で金賞を受賞。

● テイスティングコメント

「ホイップをしたような軽やかさ。フロマージュ・ブランのカテゴリーだと思うが、ヨーグルトのような食感ではないのが面白い」（佐藤）「非常になめらかな口当たりとスッと溶けていく軽やかさが心地よい」（吉安）「すっきりフレッシュな酸とふわっとした食感がクリーム感を軽やかに感じさせる」（柴本）

こんなふうに味わいたい

かんきつ類に合わせたり、ジャムやフルーツと一緒にクレープの具材にしたりなど、デザートに利用したい。

Nakashima Farm（ナカシマファーム）● 佐賀県嬉野市

こんなふうに味わいたい
そのままデザートとして、嬉野の紅茶と合わせて。または甘口のデザートワインと一緒に食事の最後に。

牧場の花
351円(75g) 　フレッシュ
原料乳 牛(ホルスタイン種)　熟成 なし

前出の「うれしのフロマージュ」に、色とりどりのドライフルーツ(レーズン各種、アプリコット、クランベリー)を合わせたアレンジチーズ。ドライフルーツはチーズの水分でしっとりとし、チーズにはフルーツの甘みが移っている。軽い酸味と甘味が調和するデザートチーズ。

● テイスティングコメント

「チーズの爽やかな酸味と甘いドライフルーツがよく合っていて、これだけで立派なデザートとなっている」(佐藤)「生地は濃厚なブリアサヴァランのようなタイプ。雑味のないピュアな味わいがミルクの甘味を引き立てている」(吉安)「ほどよい甘さと優しい酸のバランスが絶妙」(柴本)

こんなふうに味わいたい
そのままカットして焼酎のお湯割りと。キューブ状にカットしてお茶漬けにのせて。

みそカチョカバロ
416円(100g)　パスタフィラータ
ホールサイズ 100g
原料乳 牛(ホルスタイン種)　熟成 なし

水を切ったモッツァレラに、地元のおばあちゃんの手作り味噌をまぶしたチーズ。ナチュラルチーズになじみのない世代にもおいしく食べてほしいと誕生した。家族みんなで楽しんでもらいたいという作り手の願いがこめられている。

● テイスティングコメント

「かまぼこのような食感。麦味噌がちょうど良いバランスでやや淡泊なチーズの味を引き立てている」(佐藤)「パスタフィラータの生地の心地よい歯触りとミルク感が味わえる」(吉安)「味噌と優しいミルクの風味がほどよく調和して食べ飽きない。チーズに雑味がなく、味噌の風味が素直に感じられる」(柴本)

チーズ工房紹介

稲作と酪農を行う「水田酪農」

　中島大貴さんは2012年、佐賀県嬉野市にチーズ工房「Nakashima Farm（ナカシマファーム）」を立ち上げました。中島家は代々、嬉野市の塩田地区で農家を営んできました。有明海に面した温暖な気候に恵まれた平野部にあり、米や大豆、小麦など、穀物の栽培が盛んな農業地帯です。この地域では、1950年代に、田んぼの裏作に飼料穀物を栽培して、稲作と酪農を複合経営する「水田酪農」というスタイルが取り入れられました。中島家もその頃、酪農を始めたそうです。そして大貴さんの父親の代には、経営の主軸を酪農に切り替え、今では乳牛100頭を飼育する中規模の酪農家です。田んぼや畑は祖父と父親が、牧場は大貴さんが主に担当し、家族で米や麦などの作物の栽培と牛の世話をしています。大貴さんは乳牛の飼育をしながら、チーズの製造をしています。

　実は大貴さんは、設計士を志して上京し、関東の大学の建築科で学んでいました。その頃は家業を継ぐことには抵抗があり、建築の道に進むつもりでいたそうですが、大学で「まちづくり」について学ぶなかで、企業に就職して企業人として「まちづくり」を実践するよりは、就農して農家の立場で「まちづくり」や「地域づくり」をするほうが、現実的なのではないかと考えたことから、卒業後に嬉野にUターンし、酪農に携わるに至ったのだそうです。

　この塩田地区は、一見すると、夏は水田、冬は麦畑の広がる豊かな田園地帯ですが、実際は農業も酪農も、厳しい現状にあるといいます。大貴さんによると、塩田地区のほとんどが兼業農家で、1戸当たりの農地はそれほど広くないとのこ

と。離農してしまう家も多く、どんどん農家が減っていき、耕作放棄地も増えている傾向にあるそうです。その対策として「集落営農」という、集落単位の地縁集団がひとつの単位となって共同で機械を購入したり、生産工程の一部あるいは全部を共同で行ったりするシステムが導入されており、専業農家の中島家は、その中心役を担っています。

酪農の未来を作りたい

　水田酪農の時代に誕生した酪農家も、現在は減少する一方だそうで、大貴さんが就農した10年前には、佐賀県下で100軒近くあった酪農家が今では半数以下に減ってしまいました。生き物相手で、手間が掛かり、休めないきつい仕事だということ、餌代が高騰して、経営が難しくなっていること、高齢化が進み、この厳しい仕事を続けていく、あるいは継ぎたいという後継者がなかなかいないことなどが、酪農家の減少の理由に挙げられます。

　大貴さんは「酪農業は、地域の農家やそこに暮らす人たちの生活を"フォローする"（助けたり、豊かにしたりする）ことができる懐の深い職業だ」という思いを持っています。例えば稲の収穫後に出てくる稲わらや裏作で作る飼料は、敷きわらや牛の餌として酪農で使い、酪農で生じる糞尿は、堆肥に加工して田畑に返す、という循環がそこには生まれます。つまり稲作と酪農で生じる副産物を互いにうまく使うことで、無駄な経費が抑えられ、さらに作業効率も上がるというわけです。ともすれば近隣からの苦情となってしまう家畜の糞尿については、ナカシマファームでは牛舎の隣に熟成堆肥に加工する施設をすでに設置し、数カ月かけて堆肥を作り、自家水田での利用はもちろんのこと、希望する農家に販売をするまでになっています。さらに自家水田には今後「飼料稲」（家畜の

餌用に改良された稲）を栽培して、自給の餌を増やしていき、価格が高騰している海外輸入の餌に依存しないことを目指していく計画だそうです。

　また「酪農教育ファーム」という制度のモデル農場として認定を受けることにより、子どもたちの教育の場としても牧場が活用されています。地域の酪農スタイルの原点を見直し、そこに今の技術を取り入れることや、子どもたちをはじめ酪農とは普段接点のない人たちと交流する機会を持つことによって、集落に隣接する中規模酪農家のモデルケースとなることが、この地域の酪農の未来を作り、同時に農業を守ることにつながると考えているのです。

「らくのうで、嬉しい」を目指して

　大貴さんには、さらに目標があります。ナカシマファームのスローガンでもある「らくのうで、嬉しいを。」を実現すること。そのための試みのひとつが、「ナカシマファーム」の牛のミルクでチーズを作り、地元の人たちに安心して、そして喜んでもらえる、作り手の顔が見える製品作りをすること。地域の「食」という分野でも、人々の日常の生活を「フォローしたい」と考えているのです。このエリアでかつては、酪農家が1軒あれば、集落にミルクを供給することができました。今、ミルクはタンクローリーで集荷されて、酪農家が直接加工することはめったにありませんが、大貴さんは自分のところで搾乳したミルクからチーズを作ることで「ナカシマファームにはおいしい乳製品がある」と地域の人に喜んでもらえる存在になりたいと思っています。

　そしてもうひとつは、「嬉しい→女＋喜」つまり「女性が喜ぶ場」を作ること。大貴さんを中心に母親と妹と家族で運営しているチーズ工房を、ゆくゆくは地元の子育て中の女性に

活躍してもらえる工房やショップへと規模を拡大し、「女性が喜ぶ場」を目指していきたいと考えています。

このように、チーズ工房を運営することによって、地域にたくさんの手助けや豊かさを生む、つまり「フォローする」ことになると考えているのです。

出品したチーズがすべて受賞

地元や地域で喜ばれる、そんなチーズ工房でありたいというところから始まったチーズ作りですが、2016年に開催された「Japan Cheese Award」で、出品した3種類のチーズがすべて受賞するという快挙を遂げました。それに手応えを感じ、チーズ作りにさらに力を入れたいと考えています。

ナカシマファームが作るチーズは、フレッシュなフロマージュ・ブラン系、モッツァレラなどのパスタフィラータ系、そして4カ月以上熟成をさせるセミハード系。インパクトのある強い個性よりも、日常の食卓に使いやすい穏やかな味わいを大切にした、ミルクの風味を感じられるチーズです。

「プロセスチーズしかなじみのない地元の人たちに、抵抗なくおいしく食べてもらえるようなチーズです。そのまま朝食やおやつに、そして食材のひとつとして料理に取り入れやすい商品を作ろうと思いました」と大貴さん。自分が丹精込めて育てた牛のミルクを加工するという満足感が得られるのは、酪農家冥利に尽きるようです。

大貴さんは、チーズメーカーである前に酪農家であるといいます。設計士になるための勉強の過程で見つけた「地域づくり」という夢を実現するために酪農の道に進み、地域への貢献や酪農に良い結果をもたらすということからチーズ工房を営んでいるのです。まだ30代になったばかりの若手チーズメーカーではありますが、しっかりと目指す方向を決めてエネ

ルギッシュに突き進む姿は、実に頼もしいと感じました。単にものづくりだけにとどまらず、チーズ工房を運営することで地域や社会に良い影響をもたらすことができるという、ひとつのモデルになっていってほしいと切に願います。

工房からのメッセージ

"らくのうで、嬉しいを。" 私たちはこの思いを胸に、どうやって人に、牛に喜んでもらえるかを日々考え、牧場作り、チーズ作りに励んでいます。家族との団らんや大切な人との特別な時間……これらのシーンをおいしいチーズでお手伝いできればと思います。皆さんに、牛たちのこと、私たちの風土のことに思いを馳せてもらえたら幸いです。ぜひ嬉野へ遊びにきてくださいね。皆さんにお会いできるのを楽しみにしております。（中島大貴さん）

家族でチーズを作る

工房を訪ねた3月には青々とした麦畑が広がっていた

Nakashima Farm（ナカシマファーム）● 佐賀県嬉野市

宮崎県・小林市

日本の南イタリアを目指して

ダイワファーム

約20年前に余剰ミルク問題が起こった頃に、飲用乳生産から乳製品加工にシフトした酪農家で、今では6次産業のモデルケースとなりました。人柄が表れた優しい味わいのチーズはコンテストでも高く評価されています。

Data　宮崎県小林市東方4073
　　　tel 0984-23-5357　http://www.daiwafarm.net

●創業年／2005年　●工房の形態／フェルミエ　●工房の見学／可
●原料乳の獣種／牛（ホルスタイン種、ブラウンスイス種）　●チーズの購入方法／直売所、またはメール、電話、FAXで注文可能（代引き、または振り込み確認後の発送）　●工房の直売所／営 10〜18時、水曜休、年末年始休

ダイワファームのおいしいチーズ

こんなふうに味わいたい
テクスチャーが素晴らしいので、そのままで質の良いミルクの味を堪能してほしい。または、おいしいトマトとカプレーゼにして、同県のワイナリー「都農ワイン」の「甲州 プライベートリザーブ」と合わせて。

モッツァレラ
400円(100g)　[パスタフィラータ]
[ホールサイズ] 100g　[原料乳] 牛（ホルスタイン種、ブラウンスイス種）　[熟成] なし

ダイワファームの看板チーズ。オリジナルの南イタリアの水牛製モッツァレラのような濃い味わいに近付けるために、牛の飼育方法や餌に工夫を凝らしている。理想の味と食感を目指して試行錯誤を繰り返し、ひとつひとつ手作りしている。

● テイスティングコメント
「ミルクの風味を豊かに感じる。塩のあんばいも良く、ミルクの甘味をうまく引き出している。弾力性もほどよい」（佐藤）「断面の繊維性、パスタフィラータも美しいモッツァレラ。口当たりも固すぎず、口溶けも良い。後味がクリーミー」（吉安）「ミルクの香り、甘味がしっかりしている。口の中でじゅわっとほどけて、口溶けが良い」（柴本）

こんなふうに味わいたい
ふかした熱々のジャガイモにさいの目に切ってのせて溶かして味わう。またはラズベリージャムを添えて

ロビダイワ
600円(100g)　[ウォッシュ]
[ホールサイズ] ⌀20×3cm（円盤形）、1.3kg
[原料乳] 牛（ホルスタイン種、ブラウンスイス種）
[熟成] 40日

イタリア北部で伝統的に作られている「ロビオラ」をイメージして作る牛乳製のウォッシュタイプ。1.3kgと大きめのチーズを2日に1回、塩水で洗いながら40日ほど熟成させる。ウォッシュ特有のにおいはそれほど強くない。

● テイスティングコメント
「口溶け良く、むっちりとした柔らかい口当たり。ほどよい塩味、酸味とミルクの甘味、独特のコクなど、味わいの要素が見事に組み合わさって食べ応えがある」（佐藤）「塩味の効いたパンチのあるチーズ。クリーミーな口溶け」（吉安）「ウォッシュからくる香りは穏やかでクセがなく食べやすい。塩味が効いている」（柴本）

ダイワファーム ● 宮崎県小林市

こんなふうに味わいたい
ベーグルにたっぷり塗って、スモークサーモンとレタスを挟んでサンドイッチに。

クリームチーズ

400円(100g) 　フレッシュ
[原料乳] 牛(ホルスタイン種、ブラウンスイス種)
[熟成] なし

ホルスタイン種とブラウンスイス種のミルクを24時間ゆっくり乳酸発酵させて、さらに2日かけて水分を抜いて完成させている。濃厚な乳脂肪が、ともすれば重く感じてしまいがちだが、酸味とのバランスで調和が取れている。

●テイスティングコメント
「水分が少なめでやや固めの印象。ヨーグルトのようなまろやかな酸味」(佐藤)「口に入れた時の酸の効いた味わいと、その後に広がるクリーミーさがおいしい」(吉安)「ねっとりとした質感。サワークリームのように酸味がしっかりしていて、コクがあるのにさっぱり爽やか」(柴本)

こんなふうに味わいたい
半分に切って野菜と一緒にオーブンで焼くのもおすすめ。

カチョカヴァロ

500円(100g) 　パスタフィラータ
[ホールサイズ] 100g
[原料乳] 牛(ホルスタイン種、ブラウンスイス種)
[熟成] 1カ月

モッツァレラと同様に作った(水分が少なめの)生地を、ひょうたん形に成形して1カ月ほど乾燥熟成をさせている。そのままスライスして食べてもいいが、フッ素樹脂加工のフライパンで表面に焦げ目が付くように強火でさっと焼くと、香ばしさとミルクの風味が際立つ。

●テイスティングコメント
「むっちりとした食感。穏やかな味わいで食べやすい」(佐藤)「小さくかわいらしい形のイメージからは、良い意味で裏切られるうま味の濃い味わい。ややオイリーな口当たりに塩気がピシッと決まっている」(吉安)「塩味がほどよくミルクの風味と甘味が引き立っている」(柴本)

チーズ工房紹介

イタリア系のチーズが主力

　酪農のあるところにチーズ工房あり。ワイン製造などと違って、チーズ製造はあまり気候の影響を受けない産業なのかもしれません。明治以来、酪農業は日本各地47都道府県すべてで行われるようになりました。その証拠に、日本全国津々浦々に大小の乳業メーカーがあります。

「ダイワファーム」は熊本県、鹿児島県との県境に面した宮崎県の南西部、霧島連山山麓の小林市にあります。稲作や畑作などの労働力と堆肥を得るために牛が飼われ始め、その後畜産、酪農が盛んとなり、最盛期の昭和50年代には150軒ほどの酪農家がいました。しかし1990年代に始まった牛乳の生産調整の影響で、現在は約30軒にまで減ってしまったそうです。余剰した生乳に対し、酪連（指定生乳生産者団体）は酪農家に出荷する生乳の量の上限を設けたため、経営が難しくなって離農したり、和牛を飼育する畜産業に職種替えをしたりといった酪農家が続出しました。

「ダイワファーム」は、昭和30年代に前身となる牧場を先代が始め、昭和50年代に今の代表者である大窪和利（おおくぼかずとし）さんが引き継ぎました。大窪さんは、生産調整が始まったそのタイミングで、余剰ミルクを乳製品に加工する道を選び、1996年に牧場を「ダイワファーム」として有限会社化し、生乳の出荷とアイスクリームなどの製造販売を並行して行うことにしました。そして2006年にナチュラルチーズの製造を始めます。

　チーズの製造を手掛けるに当たり、まず短期間のチーズ製造研修でモッツァレラ作りを学び、さらに北海道の工房に研修に行き、完成度の高いモッツァレラを目指して徹底的に学

ダイワファーム●宮崎県小林市

びました。そこで研修したイタリア系のセミハードタイプとウォッシュタイプ、そしてパスタフィラータタイプが、ダイワファームの主力チーズとなりました。

進化し続けるモッツァレラ

　イタリア系のチーズのなかでも、熟成をさせずに食べるモッツァレラは、ミルクの品質とその独特のテクスチャーがごまかせないチーズです。チーズ製造を始めたばかりの頃のモッツァレラは、くぎが打てるほど硬かったそうで、大窪さんは「今から思うと、よくあんなチーズを作っていたなぁ」と笑っていらっしゃいました。

　先代から酪農業を受け継いでからしばらくの間は、飲用の生乳の出荷もしていましたが、チーズ製造が軌道に乗ってからは、牛の頭数を減らし、ほとんどを自社のチーズ製造用の原料乳として搾乳し、生乳としての出荷量はうんと減少しました。牛種もホルスタイン種に加えて、チーズ製造には向いている乳質といわれるブラウンスイス種を導入。チーズの味に好影響を与える餌を選び与えるなど、理想のチーズの味をイメージした飼育法、生乳作りに徹しています。「おいしいモッツァレラは、どのようなものなのか、どうやって作ればよいのか？」と、自分の目指すべきモッツァレラを求めて、まずは本場のイタリア産の輸入モッツァレラを食べて研究し、国内でモッツァレラを手掛けるチーズメーカーたちとモッツァレラ談義を戦わせ……と、日々研究と改良を重ねたそうです。
「大窪さんにとっての理想のモッツァレラはどういうものですか？」という問いに、「弾力があり、しっかりと繊維があるもの。そして、その繊維の中に十分に水分が封じ込められたジューシーなチーズ」と答えてくれました。もともとイタリアでは、モッツァレラは冷蔵庫などで冷やして保存せずに、工房

で出来たてのものを買って、その日のうちに消費してしまうもの。昔、日本で豆腐屋さんに鍋などを持って豆腐を買いに行き、その日中に食べていたのと同じことです。出来たてのモッツァレラは張りがあり、プルンとした球形をしています。カットしたら練り湯（モッツァレラの製造工程では、生地をお湯とともに練り上げ、そのお湯をチーズの繊維に抱え込ませる）があふれ出します。そう、モッツァレラはジューシーなチーズなのです！

　研究と改良の結果、大窪さんのモッツァレラは、今やチーズファンの間では、ジューシーなモッツァレラと大変人気が高く、また 2014 年 10 月に開催された「Japan Cheese Award」では、みごと金賞を取りました。しかし大窪さんは、現状には満足せず、「もっといいチーズができるに違いない」とさらに研究と工夫を重ね、ついに 2015 年には、モッツァレラチーズの本場南イタリアに行って、その技術を見てきました。イタリアのチーズ工房で実際に製造の手ほどきを受けたことにより、改良のヒントを得ることができたそうで、帰国後には、そのヒントを生かした、より理想に近いモッツァレラ作りにいそしんでいます。

6 次産業化の成功とこれから

　大窪さんのように牛を飼い、乳を搾り、乳製品を作り、販売する、いわゆる「フェルミエ」（酪農とチーズ製造のどちらもしているチーズ農家）は、日本では数えるほどしかありません。生乳を酪連に販売しないで 100％乳製品の売り上げだけで成り立っている工房はさらに少数です。ダイワファームは今、盛んに推奨されている「6 次産業化」に、いち早く成功した事例ともいえるでしょう。大窪さん自身も、チーズの製造を始めたばかりの当初は、まさか自分がチーズで食べていける

ようになるとは想像もしていなかったとのこと。日本国内のコンクールでの受賞や、料理関係の雑誌などに取り上げられたことがきっかけで徐々にファンがつき、ほぼ口コミだけで、宮崎県内はもとより県外のレストランからの注文が途切れることがないそうです。高品質なチーズを作り続けているという実績と信頼が、一時的な物珍しさやブームに左右されず、安定的な需要を生み続けているのでしょう。

　これまでは牛の世話、搾乳、チーズ作り、熟成、受注、販売……と、ほとんど大窪さんと奥さん、娘さんの家族だけで行っていました。そのため作れるチーズの数量が限られていたのですが、徐々にモッツァレラなどの注文が多くなり、増産せざるを得なくなったため、飼育する牛の頭数を以前の1.5倍に増やし、家族以外の従業員を2人雇いました。そしてさらに北海道でチーズ研修を終えた息子さんが加わり新たにブルーチーズを作り始めたことで、チーズの種類も増えました。

　大窪さんによると、今後は工房で作れるチーズの量をさらに増やし、熟成庫を広げ、生産体制をより強化していく計画だとか。新しいチーズ作りにもチャレンジしたいとも話していて、ますます進化していくであろうダイワファームのこれからの姿が楽しみです。

| 工房からのメッセージ | 自社生産の生乳を生かし、牛乳の豊かな風味のある、日本人に合ったチーズを目指しています。（大窪和利さん） |

リコッタの製造風景。こちらのリコッタは2016年と2018年の「Japan Cheese Award」でいずれも金賞を受賞。2017年の「Mondial du Fromage」でも金賞を受賞している

大窪和利さん（中央）。家族揃って、チーズ工房の前でパチリ

のんびりと反芻中のブラウンスイス牛

ダイワファーム ● 宮崎県小林市

もっとチーズを覚えたい人のために
Let's チーズテイスティング!

味わいを記憶に残そう

「チーズに関する仕事をしています」と、新たに知り合いになった人に自己紹介をすると、かなりの確率で「チーズは好きなのですが、よく分からないので教えてください！」と言われます。まあ8割がたは社交辞令だとしても、チーズは種類が多くてよく分からない、未知の食べ物なのだというニュアンスは伝わってきます。輸入のナチュラルチーズを自宅で食べるために店頭で購入しようと思ったけれど、何を買ったら間違いないのか分からないので、買うことを諦めたという体験談もよく聞きます。

私は仲の良い友人たちの集まりなど、機会があるたびにチーズを数種類持って行き、簡単に説明をした上で楽しんでいただくのですが、結局「チーズっておいしいねぇ」で話が終わってしまい、どのチーズがどうおいしかったかという記憶はさっぱり残らない、なんてことになります（一緒にお酒もたっぷり飲んでいることが原因かもしれませんが）。そろそろチーズ初心者から脱して、せめてチーズ初級者になりたい！　という人には、ぜひ「チーズのテイスティング」を実践してほしいと思い、その進め方を紹介します。

チーズのテイスティングとは？

テイスティングは、直訳すれば「試食」ということになりますが、もともとチーズのテイスティングは、試食を通してチーズの出来を確かめることと、風味の特徴を言葉で表現し、他者とコミュニケーションを取ることが目的です。しかしテイスティングをする人の立場の違いにより、若干目的が変わってきます。

チーズを人にすすめる職業についている人、例えばチーズの販売員やレストランのサービス担当など、チーズのプロとよばれる人の場合、扱っているチーズが商品として適正な価値があるのかどうかを確認し、さらにチーズの味わいの特徴など、商品を購入する手掛かりを買い手に提供するためのテイスティングが必要となります。

またチーズを製造している人の場合、商品としての適正な価値があるかを判断することはもちろんですが、ちょっとした欠点を客観的に捉え、安定

した商品を作り続けるために、ブレを調整していく見極めをテイスティングによって行います。

　そしてチーズの食べ手である私たちは、店頭に並んだ多くのチーズから、自分の目で食べ頃や味わいなどを判断し、自分の好みに合ったチーズを選ぶ技術を身に付けるためにテイスティングをします。それは、その場限りの単なる「試食」ではなくて、自分の舌に経験値として刻み込むような「意識的なテイスティング」である必要があります。

3段階に分けて特徴をつかもう

　意識的なテイスティングを実践すべく、その行い方について説明しましょう。これから紹介する方法は、フランスなど海外でのテイスティングの手法を参考に、「NPO法人 チーズプロフェッショナル協会」で構築されたもので、チーズの専門家および一般向けのセミナーや勉強会などで広く使われています。

チーズのテイスティング方法

---

　①〜③の順に（②と③は同時に）、3段階に分けてアプローチしていきます。

①「外観」から情報を得ます。

　どのような形状か？ 外皮の質感や色は？ カットした状態であったなら、そのカット面の質感や色は？ など、視覚から得られる情報を客観的に捉えます。

　その外観の状態が何を表しているのかというところまでは、初めから読み取る

もっとチーズを覚えたい人のために Let's チーズテイスティング！

ことはできなくても、経験を積んでいくと「この見た目だと熟成状態はこのくらいかな、味わいはこんな感じではないかな」と、大体の想像がつくようになります。

> （コメント例）
> 真っ白な雪のように生え揃った白カビ。カット面は、なめらかでバターのような濃い黄色い組織と中心部にはチョーク状の芯がある。

②「テクスチャー（組織）」を見ます。

触感（あるいは食感）をチェックします。チーズの質感、硬さや弾力を指などで触り、次に口の中に入れて歯応え、舌触り、溶け具合、粘性などを感じます。

口の中でほどけるように溶けるもの、しっかりと咀嚼しないと飲み込めないものなど、同じタイプのチーズでもテクスチャーが違うものがあります。自分の好む、おいしいと感じる食感はどんなものなのかと自分自身にも意識を向けてみましょう。

> （コメント例）
> 外から触るとカビに指紋が付くくらいフサフサとしている。指で触ると弾力はほとんどなく硬めなテクスチャー。バターのように口中の体温で溶けていく食感。芯の部分はボソボソとした食感。外皮（白カビ部分）はコリコリとした歯触り。

③「風味」を確かめます。

「風味」とは、味と香り、そして余韻などを指します。口の中に入れて舌で感じる、いわゆる五味（甘味、塩味、酸味、苦味、うま味）と口中の粘膜で感じる刺激（渋み、収斂み、辛み、えぐみ）の有無を客観的に捉

えて、そのバランスがどんな具合かを感じ取ります。そしてチーズに鼻を近付けて感じる香り、ごくんと飲み込んでから鼻腔に広がる香りなどをチェックします。

可食部ではない外皮（食べられる外皮ももちろんありますが）の香りにも特徴があることが多いので、その部分の香りのチェックも忘れずに！　また食べた後に残る余韻の長さもチェックポイントになります。

> （コメント例）
> マッシュルームのようなキノコの香り。温めたミルク、あるいはバターのような香り。塩気をあまり感じなくてマイルドな印象。ひと口目はバターのような濃厚さがあるが、後味は意外にあっさりしている。

以上の3つのポイントをメモ書き程度に、例えばスマホの日記アプリにでも写真とともに上げておけば、あとから見返すことができ、備忘録になります。

自分の好みのチーズを選ぶために

ナチュラルチーズは微生物の働きによって日々味わいが変化しています。たとえ同じ名前のチーズを食べたとしても、まったく同じ味わいということはありません。しかもその種類は数え切れないほど……。しかし特徴を捉えながら意識して食べるだけで、チーズの名前やその時の印象が、案外記憶に残っていくものです。

「前回食べたカマンベールは白カビが元気で味はあっさりしていたけれど、今回のカマンベールは白カビが少しくすんでいて味が濃い」というような経験を重ねるうちに、「これくらいの熟成のカマンベールが好き」と自分の好みもはっきりしてきます。

テイスティングを通して、自分自身の中にチーズの食体験の蓄積をしていけたら、市場に並ぶ魚や野菜を選ぶように、チーズショップに並ぶチーズの状態を見ながら、その日の気分でチーズを選ぶことができるようになるでしょう。一緒に食べる人の顔を思い浮かべながらチーズのセレクトができるようになったら素敵だと思いませんか？

CHEESE INDEX

チーズのタイプ別に50音順で掲載しています。

― (凡例) ―
チーズの名称（工房の名称／工房のある都道府県） ………………………………… 掲載ページ

フレッシュ（軟質非熟成）

朝日岳(那須高原今牧場 チーズ工房／栃木県) ……………………………………… 90
うれしのフロマージュ(Nakashima Farm／佐賀県) ………………………………… 155
Garo フレッシュ(山田農場 チーズ工房／北海道) …………………………………… 67
クリームチーズ(Vilmilk／群馬県) …………………………………………………… 97
クリームチーズ(H.I.F 開田高原アイスクリーム工房／長野県) …………………… 135
クリームチーズ(ダイワファーム／宮崎県) ………………………………………… 164
シェーブル・フレ(三良坂フロマージュ／広島県) ………………………………… 150
出来たてリコッタ(CHEESE STAND／東京都) ……………………………………… 111
二世古 雪花【sekka】パパイヤ＆パイナップル(ニセコチーズ工房／北海道) …… 59
フロマージュ・フレ(共働学舎新得農場／北海道) ………………………………… 42
牧場の花(Nakashima Farm／佐賀県) ………………………………………………… 156
ミナスチーズ(Vilmilk／群馬県) ……………………………………………………… 97
MIMAKI Frais(Bosqueso Cheese Lab.／長野県) …………………………………… 128
ゆきやなぎ（塩入り）(那須高原今牧場 チーズ工房／栃木県) …………………… 90
リコッタ(三良坂フロマージュ／広島県) …………………………………………… 149
リコッタ・サラータ・インフォルナータ・フレスカ(三良坂フロマージュ／広島県) … 150

パスタフィラータ

カチョカヴァッロ(CHEESE STAND／東京都) ……………………………………… 112
カチョカヴァロ(ダイワファーム／宮崎県) ………………………………………… 164
ジャージーミルクのモッツァレッラ(弘前チーズ工房 カゼイフィーチョ・ダ・サスィーノ／青森県) …… 83
ジャージーミルクのブッラータ(弘前チーズ工房 カゼイフィーチョ・ダ・サスィーノ／青森県) …… 83
出来たてモッツァレラ(CHEESE STAND／東京都) ………………………………… 111
東京ブッラータ(CHEESE STAND／東京都) ……………………………………… 112
プロボローネ(木次乳業／島根県) …………………………………………………… 141
みそカチョカバロ(Nakashima Farm／佐賀県) …………………………………… 156
モッツァレラ(三良坂フロマージュ／広島県) ……………………………………… 150
モッツァレラ(ダイワファーム／宮崎県) …………………………………………… 163

白カビ

大きなチーズ(H.I.F 開田高原アイスクリーム工房／長野県) ……………………… 135
カマンベールチーズ(H.I.F 開田高原アイスクリーム工房／長野県) ……………… 135
笹ゆき(共働学舎新得農場／北海道) ………………………………………………… 42
シマエナガ(チーズ工房チカプ／北海道) …………………………………………… 29
MOCHIZUKI(Bosqueso Cheese Lab.／長野県) …………………………………… 128

酸凝固

いすみの白い月(高秀牧場 チーズ工房／千葉県) ………… 105
牛鐘(カウベル) (十勝千年の森　ランラン・ファーム／北海道) ………… 51
Garo (山田農場 チーズ工房／北海道) ………… 67
ココン(Atelier de Fromage／長野県) ………… 119
茶臼岳(那須高原今牧場 チーズ工房／栃木県) ………… 89
十勝シェーブル・炭(十勝千年の森　ランラン・ファーム／北海道) ………… 51
二世古　粉雪【konayuki】(ニセコチーズ工房／北海道) ………… 60
フロマージュ・ド・みらさか(三良坂フロマージュ／広島県) ………… 150
フロマージュ・ド・みらさか・シェーブル(三良坂フロマージュ／広島県) ………… 149
プチ・プレジール(共働学舎新得農場／北海道) ………… 41
MIMAKI (Bosqueso Cheese Lab.／長野県) ………… 127

ウォッシュ

KASUGA (Bosqueso Cheese Lab.／長野県) ………… 127
二世古　風音【kazene】(ニセコチーズ工房／北海道) ………… 60
りんどう(那須高原今牧場 チーズ工房／栃木県) ………… 89
ロビダイワ(ダイワファーム／宮崎県) ………… 163

青カビ

草原の青空(高秀牧場 チーズ工房／千葉県) ………… 105
二世古　空【ku:】超熟(ニセコチーズ工房／北海道) ………… 59
ブルーチーズ(Atelier de Fromage／長野県) ………… 119

非加熱圧搾 (半硬質〜硬質熟成)

アカゲラ(チーズ工房チカプ／北海道) ………… 29
オールドゴーダチーズ(木次乳業／島根県) ………… 141
おこっぺハードチーズ(夏ミルク) (ノースプレインファーム／北海道) ………… 21
硬質チーズ(Atelier de Fromage／長野県) ………… 119
ゴーダチーズ(ノースプレインファーム／北海道) ………… 22
五町田ゴーダ(Nakashima Farm／佐賀県) ………… 155
コラエダネカ(木次乳業／島根県) ………… 141
スモークチーズ(ノースプレインファーム／北海道) ………… 22
鶴居シルバーラベル(鶴居村農畜産物加工施設 酪楽館／北海道) ………… 35
鶴居プレミアムゴールド(鶴居村農畜産物加工施設 酪楽館／北海道) ………… 35
鶴居マイルドラベル(鶴居村農畜産物加工施設 酪楽館／北海道) ………… 35
二世古　椛【momiji】(ニセコチーズ工房／北海道) ………… 60
はおひ(十勝千年の森　ランラン・ファーム／北海道) ………… 51
春草の有機チーズ(春の、季節の有機セミハードチーズ) (ノースプレインファーム／北海道) ………… 21
まきばの太陽(高秀牧場 チーズ工房／千葉県) ………… 105
ラクレット(共働学舎新得農場／北海道) ………… 42

加熱圧搾 (硬質〜超硬質熟成)

シマフクロウ(チーズ工房チカプ／北海道) ………… 29
レラ・ヘ・ミンタル(共働学舎新得農場／北海道) ………… 41

日本のナチュラルチーズ

2019年1月11日　第1刷発行

著者　佐藤 優子

デザイン　菅家 恵美
イラスト　浅羽 まりえ
　　　　　(PORTLAB illustration & design)

発行者　中島 伸
発行所　株式会社 虹有社（こうゆうしゃ）
　　　　〒112-0011 東京都文京区千石4-24-2-603
　　　　電話 03-3944-0230
　　　　FAX. 03-3944-0231
　　　　info@kohyusha.co.jp
　　　　http://www.kohyusha.co.jp/

印刷・製本　モリモト印刷株式会社

©Yuko Satou 2018 Printed in Japan
ISBN978-4-7709-0075-3
乱丁・落丁本はお取り替え致します。